饮用水检测与处理技术

李宏罡　王　娜　主编

中国农业大学出版社
·北京·

内 容 简 介

本书在编写中根据高职高专人才培养目标和职业教育特色,基于工作过程,以提高岗位核心职业能力为目标构建教材体系,以"饮用水水质检测"和"饮用水处理技术"为教学模块展开,并将课程思政融入每个学习任务中,主要内容由地表水源水质检测、地下水源水质检测、地表水源水质处理工艺、地下水源水质处理工艺 4 个项目组成。

本书可作为高职高专环境监测技术、环境工程技术、给排水技术等专业的教材,同时可供从事水质检测和水处理岗位技术、管理人员参考。

图书在版编目(CIP)数据

饮用水检测与处理技术/李宏罡,王娜主编. —北京:中国农业大学出版社,2021.2
ISBN 978-7-5655-2431-8

Ⅰ.①饮… Ⅱ.①李…②王… Ⅲ.①饮用水-水质监测 Ⅳ.①TU991.21

中国版本图书馆 CIP 数据核字(2020)第 179186 号

书 名	饮用水检测与处理技术			
作 者	李宏罡 王 娜 主编			
策划编辑	张 玉		责任编辑	刘耀华
封面设计	郑 川			
出版发行	中国农业大学出版社			
社 址	北京市海淀区圆明园西路 2 号		邮政编码	100193
电 话	发行部 010-62818525,8625		读者服务部	010-62732336
	编辑部 010-62732617,2618		出 版 部	010-62733440
网 址	http://www.caupress.cn		E-mail	cbsszs@cau.edu.cn
经 销	新华书店			
印 刷	涿州市星河印刷有限公司			
版 次	2021 年 2 月第 1 版 2021 年 2 月第 1 次印刷			
规 格	787×1 092 16 开本 14.5 印张 353 千字			
定 价	47.00 元			

编审人员

主　编 李宏罡（黑龙江生物科技职业学院）
　　　　 王　娜（黑龙江科瑞检测技术有限公司）

副主编 徐晓毅（黑龙江生物科技职业学院）
　　　　 张　玲（黑龙江生物科技职业学院）
　　　　 黄　慧（黑龙江生物科技职业学院）
　　　　 秦铭泽（黑龙江省哈尔滨生态环境监测中心）

参　编 张宏宇（黑龙江科瑞检测技术有限公司）
　　　　 陆艳芳（黑龙江科瑞检测技术有限公司）
　　　　 张　森（黑龙江科瑞检测技术有限公司）
　　　　 刘　洋（黑龙江科瑞检测技术有限公司）
　　　　 王　晶（黑龙江科瑞检测技术有限公司）
　　　　 尹鑫玮（黑龙江科瑞检测技术有限公司）

主　审 周岩枫（黑龙江生物科技职业学院）
　　　　 王　娜（黑龙江省哈尔滨生态环境监测中心）

序 言

目前,我国高等职业教育的院校数量和办学规模都有了长足的发展,高等职业教育应该也必须进入内涵建设阶段。从高职院校实施重点建设项目的进程来看,自21世纪初的教改项目,到2006年开始的国家示范性高职院校和骨干院校建设项目,到2015年启动的优质高职院校项目,再到2019年中国特色高水平高职院校建设,应该说,进入改革发展新阶段的高职院校已经具备了比较充足的内涵建设实力和一定的内涵建设水准。如果内涵建设水准是高水平高职院校的基础,那么一定数量的高水平专业应该是其基础之基础,而课程建设既是高水平专业建设的基础,也是高水平专业建设的重点和难点。对一所学校而言,先进的教学理念和创新的教改观念,只有落实到每一位老师,落实到每一门课程,落实到每一堂课的教学中,才能有效发挥对教学的积极促进作用。

《国务院关于加快发展现代职业教育的决定》(国发〔2014〕19号)明确提出,要推进人才培养模式创新,推行项目教学、案例教学、工作过程导向教学等新型教学模式。为尽快适应新的形势要求,提高广大教师教学水平,2015年1月,黑龙江生物科技职业学院聘请以教育部职业教育师资培训基地、国家示范性高职院校——宁波职业技术学院戴士弘教授为首的专家团队,开展了为期一年的教师职业教育教学能力培训。通过培训,全院专任教师高质量完成了主讲课程的项目化整体设计和单元设计,有81.39%的专任教师通过了专家组的测评,有效提升了教师的课程开发能力、教学设计能力、项目式教学实施能力和项目化教改研究能力,为提升课堂教学质量打下了坚实基础。2016年,学院明确将优质项目化课程建设作为教学工作重点,制定了《优质项目化课程建设实施方案》《骨干专业项目化课程体系改造实施方案》等推进制度,明确了项目化教材既是教材又是学材,既是指导书又是任务书,既承载知识又体现能力培养的总体编写思路。项目化教材要打破学科体系,以生产实际设计任务为驱动,按项目化要求安排教学内容;在内容的编排上,要遵循基于工作过程、行动导向教学的六步法原则;在实现教学目标上,要依据课程改革要求和工作实际需求对相关知识点予以整合,使教学过程与工作过程相关联;在考核评价上,要通过工作任务的完成体现学生对知识的掌握和技能的提升,由此对于项目教学过程和结果进行评价。

2019年1月,国务院颁发《国家职业教育改革实施方案》(国发〔2019〕4号)进一步提出,推动实施"三教"改革作为促进产教融合校企"双元"育人的重要抓手。经过多年的摸索,学院项目化课程建设思路进一步明确,提出立足职业岗位要求,把现实职业领域的生产、管理、经营、服务等实际工作内容和过程作为课程的核心,把典型的职业工作任务或工作项目作为课程的主体内容,并与1+X证书制度要求相衔接,若干个项目课程组成课程模块,进而有机构成与职业岗位实际业务密切对接的课程体系。2016年起,学院先后4批遴选并确定了51门课程为优质项目化课程建设项目。由蔡长霞、翟秀梅、杨松岭等11名院级评审专家与课程负责人共同以"磨课"的方式,一门课程一门课程"说"设计、一个单元一个单元"抠"细节,经过广大教师的共同努力,共计建成1门国家级精品资源共享课、1门国家级精品在线开放课程、18门省级精品在线开放课程、2门省级课程思政示范课。通过项目化课程建设,锻炼出一支德技精湛的教师队伍,打造出一批优质项目化课程,建成了一批内容形式精良的教材,形成了一套精准施教的有效教法,学院内涵建设水平迈上新的台阶,有力推动了学院高质量发展。

"白日不到处,青春恰自来。苔花如米小,也学牡丹开。"这首《苔》是清代诗人袁枚的一首小诗,从中人们可以领悟到生命有大有小,生活有苦有甜。作为默默耕耘在高职一线的教师,如无名的花,悄然地开着,不引人注目,也少人喝彩。即使这样,他们仍然执着地盛开,毫无保留地把自己最美的瞬间绽放给这个世界。今天,看到学院项目化课程系列教材陆续问世,虽然他们只是一朵朵微小的苔花,却也定将会像牡丹那样,开得阳光灿烂,开得生机勃勃!花朵芬芳,因为凝聚了众人的汗水,我不敢专美,更不敢心中窃喜,我知道我们前面的路还很长,但我坚信,有种子,花总要开的,我更坚信,繁花似锦就在前面。

2020年是极不平凡的一年,突如其来的新冠疫情对我们的教学虽然造成了极大冲击,但也极大激发了我们为教育事业发展奋进的力量。我希望全院教师不忘初心,牢记使命,把全部的精力用于课程改革和课程建设中去,专注课堂、专注学生,继往开来,努力开发出更多、更好的项目化教材和教学资源并应用到教学中去,争创中国特色高水平高职院校和全国百所乡村振兴人才培养优质院校!

黑龙江生物科技职业学院党委书记　李东阳

2020年12月于哈尔滨

前　言

　　"饮用水检测与处理技术"课程在高职高专院校给排水技术、环境监测技术、环境工程技术等相关专业课程体系中占有重要位置。本书是在学院积极开展"双高"建设的背景下,结合高等职业教育"三教改革"需要,依据职业教育具有跨界的特质,以企业用人需求为导向,将行业的新技术规范作为课程模块,进一步完善专业知识工作过程系统化的重构,并将课程思政的核心元素,如理想信念、职业道德、工匠精神、奉献精神等融入其中。课程团队由校企双方组成,校企互相协作,在编撰时能与时俱进,丰富电子教学资源,积极完善教材形态,录制线上课程并在在线教育平台上发布,形成新形态一体化的教材体系,"互联网＋"模式满足线上、线下混合式教学的需要。

　　本课程团队经过多年项目化的教学与实践,将课程内容立足于城市饮用水厂中实验员和水处理运行员岗位必备知识和技能,"凝练理论,突出实践",课程内容"岗位化",授课方式"项目化",对原有课程体系进行"删、合、转、增",以"饮用水水质检测"和"饮用水处理技术"为教学模块,将模块分为 4 个项目,17 个任务,突出"教、学、做"一体化。

　　本教材由李宏罡、王娜任主编并负责统稿工作,徐晓毅、张玲、黄慧、秦铭泽为副主编。具体编写分工如下:王娜负责编写项目一中任务一和任务二,秦铭泽负责编写项目一中任务三至任务五和项目二,李宏罡负责编写项目三和项目四,张玲、黄慧负责附录的编写等工作。张宏宇、陆艳芳、张森、刘洋、王晶、尹鑫玮负责本教材项目一和项目二课程内容 PPT 制作,张宏宇、张森负责该部分课程录制工作,徐晓毅负责项目三和项目四课程内容 PPT 制作以及该部分课程录制工作。

　　全书由黑龙江生物科技职业学院省级师德先进个人周岩枫副教授和黑龙江省哈尔滨生态环境监测中心王娜高级工程师担任主审。在本教材的编写和课程录制过程中,得到黑龙江省哈尔滨生态环境监测中心、黑龙江科瑞检测技术有限公司、哈尔滨市松北供排水有限公司等多家企事业单位的大力支持和帮助,在此一并表示感谢。

数字资源
课程内容 PPT

　　由于编者水平有限,书中不足之处在所难免,敬请读者及同行批评、指正。

编　者

2020 年 12 月

教学内容与学时分配

模块	项目	任务名称	学时
饮用水水质检测	地表水源水质检测	任务一　水样中浊度的测定	4
		任务二　水样中高锰酸钾指数的测定	4
		任务三　水样中余氯的测定	4
		任务四　水样中细菌总数的测定	4
		任务五　水样中总大肠菌群和粪大肠菌群的测定	4
	地下水源水质检测	任务一　水样中铁、锰离子的测定	4
		任务二　水样中氟离子的测定	4
		任务三　水样总硬度的测定	4
饮用水处理技术	地表水源水质处理工艺	任务一　混凝工艺	4
		任务二　沉淀工艺	4
		任务三　过滤工艺	4
		任务四　消毒工艺	4
		任务五　吸附工艺	4
	地下水源水质处理工艺	任务一　除铁、除锰工艺	4
		任务二　除氟工艺	4
		任务三　硬水软化工艺	4
		任务四　纯净水工艺	4
合计			68

目 录

模块一

饮用水水质检测

一、知识目标

掌握《生活饮用水卫生标准》(GB 5749—2006)的查阅方法;掌握 106 项水质指标中 42 项常规指标的检测方法和熟悉 64 项非常规指标的检测方法;具有通过分析技术对 8 项典型饮用水水质项目进行检测,并对检测结果进行分析和形成报告的能力。

二、设计原则

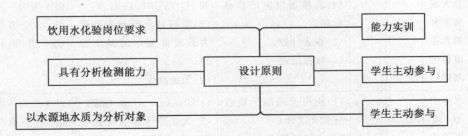

在课程教学中加强思政教育进课堂,同时必须注意采取"渗透"方式,而不是仅仅依赖集中上课的方式。在教学过程中要做到以学生为主体,通过课前预习培养学生自学能力,信息处理能力,外语应用能力;实训过程中培养学生与人合作、交流能力;通过对实训结果分析总结培养学生解决问题能力,数字应用能力,全面提升学生职业核心能力。

三、教学法实施

在教学过程中,依据饮用水处理厂真实场景,明确水质分析化验任务;收集国家标准资料,制订分析方案;小组间自主协作,认真开展实验;教师在教学过程中点拨引导,注重过程检查;最后学生展示成果,修正完善;教师评估检测,总结经验,拓展升华能力等,激发学生的学习兴趣,锻造职业能力。

四、课程设计

项目	任务	学时		拟达到的能力目标	相关知识和技能	训练方式手段	结果
		理论	实践				
地表水源水质	水样中浊度的测定	2	2	(1)分光光度法调校、使用; (2)绘制工作曲线; (3)数据处理能力	(1)GB 13200—1991标准; (2)分光光度计基本原理,仪器调校的方法; (3)溶解浓度色阶配制	以4人为一小组,将全班分成6组,进行试验	实训报告
	水样中高锰酸钾指数的测定	2	2	(1)滴定分析能力; (2)空白试验能力; (3)数据处理能力	(1)GB 11892—1989标准; (2)高锰酸钾指数原理; (3)标定试剂的方法	以4人为一小组,将全班分成6组,进行试验	实训报告
	水样中余氯的测定	2	2	(1)加氯量、需氯量的计算; (2)绘制需氯曲线; (3)配制标准溶液	(1)HJ 586—2010标准; (2)水样采集注意事项和方法; (3)氯消毒基本原理	以4人为一小组,将全班分成6组,进行试验	实训报告
	水样中细菌总数的测定	2	2	(1)高压灭菌技术; (2)营养琼脂培养基配制; (3)稀释法进行平板菌落计数	(1)HJ 1000—2018标准; (2)无菌操作的注意事项; (3)稀释法计算方法	以4人为一小组,将全班分成6组,进行试验	实训报告
	水样中总大肠菌群和粪大肠菌群的测定	2	2	(1)乳糖蛋白胨培养基配制; (2)查表计数; (3)数据处理	(1)GB/T 5750.12—2006和HJ 755—2015标准; (2)掌握总大肠菌群和粪大肠菌群测定的基本原理; (3)无菌操作	以4人为一小组,将全班分成6组,进行试验	实训报告
地下水源水质	水样中铁、锰离子的测定	2	2	(1)使用火焰原子吸收分光光度计; (2)水样采集方法; (3)绘制标准曲线	(1)GB 11911—1989标准; (2)火焰原子吸收分光光度法基本原理; (3)配制标准溶液	以4人为一小组,将全班分成6组,进行试验	实训报告
	水样中氟离子的测定	2	2	(1)分光光度计测氟离子; (2)分析工作曲线的相关性; (3)数据处理	(1)HJ 488—2009标准; (2)分光光度计原理; (3)标准曲线绘制方法	以4人为一小组,将全班分成6组,进行试验	实训报告
	水样总硬度的测定	2	2	(1)滴定管使用; (2)配制标准溶液; (3)终点变化辨别	(1)GB/T 5750.4—2006标准; (2)配位法原理; (3)终点指示剂使用方法	以4人为一小组,将全班分成6组,进行试验	实训报告

五、课程考核

考核评定方式	评定内容	分值	得分
自评	学习态度及表现	10	
	对该模块基本知识和技能情况	10	
	成果计算质量	10	
学生互评	学习态度及表现	5	
	对该模块基本知识和技能情况	5	
	成果计算质量	10	
教师评定	学习态度及表现	20	
	成果情况	30	

项目一　地表水源水质检测

【学习目标】

一、知识目标

根据地表水源水质特点，依据《生活饮用水卫生标准》(GB 5749—2006)，结合处理工艺，重点掌握水样中浊度、高锰酸钾指数、余氯、细菌总数、总大肠菌群、粪大肠菌群和大肠埃希氏菌等指标测定的基本原理；掌握检测数据分析及形成报告的方法。

二、能力目标

运用常规水质监测方法进行水样中浊度、高锰酸钾指数、余氯、细菌总数、总大肠菌群、粪大肠菌群和大肠埃希氏菌等指标的检测；具有对检测数据分析处理的能力。

三、素质目标

培养适应检测饮用水水质岗位的职业素质，树立遵纪守法，爱岗敬业，团结协作，精益求精的精神，养成爱护仪器，勤奋好学，认真负责，规范操作的习惯以及职业安全意识。

【情境描述】

地表水(surface water)指存在于地壳表面，暴露于大气的水，是河流、冰川、湖泊、沼泽4种水体的总称，亦称"陆地水"。地表水是人类生活用水的重要来源之一，其中河流分布较广，水量更新快，便于取用，历来就是人类开发利用的主要水源。地表水水量较为稳定，水质一般良好，对供水有重要价值。但同时地表水悬浮物和胶态杂质含量也较多，细菌含量和浊度高于地下水，水的色、嗅、味变化较大，有毒、有害物质易进入水体，水温不稳定，受自然条件的影响较大。地表水的含盐量、硬度较低，含盐量一般为70～900 mg/L，硬度通常为50～400 mg/L。湖泊水质类似于河水，含盐量较河水高，但浊度较低，藻类易于繁殖，易受污染而产生水体富营养化。淡水湖的水宜作为生活饮用水水源。咸水湖的水不宜作为生活饮用水水源，因其含盐量高，且以氯化钠含量最高，须经淡化处理后方可作为居民生活用水。

任务一　水样中浊度的测定

知识点:1.掌握水质浊度的测定方法(GB 13200—1991)。
　　　2.熟知分光光度计基本原理和仪器调校的原则。
　　　3.掌握浊度标准溶液的配制方法。
技能点:1.能正确使用分光光度计。
　　　2.能利用 Excel 绘制工作曲线。
　　　3.能正确进行工作曲线线性相关性分析。

数字资源 1-1
水样中浊度的测定

【任务背景】

　　水中含有的泥土、粉砂、微细有机物、无机物、浮游生物等悬浮物和胶体物都可以使水质变得混浊而呈现一定浊度,水质分析中规定:1 L 水中含有 1 mg SiO_2 所构成的浊度为一个标准浊度单位,简称 1 度。通常浊度越高,溶液越混浊。根据水的不同用途,对浊度有不同的要求,例如生活饮用水的浊度不得超过 1 度;循环冷却水处理的补充水浊度为 2～5 度;除盐水处理的进水(原水)浊度应小于 3 度;制造人造纤维要求水的浊度低于 0.3 度。由于构成浊度的悬浮及胶体微粒一般是稳定的,并大多带有负电荷,所以不进行化学处理就不会沉降。在工业水处理中,主要是采用混凝、澄清和过滤的方法来降低水的浊度。浊度的高低一般不能直接说明水质的污染程度,但由人类生活和工业污水造成的浊度增高,表明水质变坏。浊度测定方法依据 GB 13200—1991。

【任务实施】

一、分光光度法

(一)准备工作

所需检验项目	水样的浊度测定	
所需设备	722 分光光度计	
所需试剂	1 g/100 mL 硫酸肼溶液	10 g/100 mL 六次甲基四胺溶液
所需玻璃器皿	50 mL 具塞比色管	1～10 mL 移液管
所需其他备品	洗瓶	
团队分工	物品准备员: 记录员: 检验员: 监督员:	

(二)测定要点

1. 制备无浊度水

将蒸馏水用 0.2 μm 的滤膜过滤,以此作为无浊度水。

2. 浊度标准贮备液

吸取 5.00 mL 硫酸肼溶液(1 g/100 mL)与 5.00 mL 六次甲基四胺溶液(10 g/100 mL)于 100 mL 容量瓶中,混匀;于(25±3)℃下静置反应 24 h;冷却后用水稀释至标线,混匀。此溶液浊度为 400 度。可保存 1 个月。

3. 标准曲线的绘制

吸取浊度标准贮备液 0,0.50,1.25,2.50,5.00,10.00 及 12.50 mL,分别置于 50 mL 比色管中,加无浊度水至标线,摇匀后即得浊度为 0,4,10,20,40,80 及 100 度的标准系列。于 680 nm 波长,用 30 mm 比色皿测定吸光度,绘制标准曲线。

4. 测定

吸取 50.0 mL 摇匀水样(无气泡,如浊度超过 100 度可酌情少取,用无浊度水稀释至 50.0 mL),于 50 mL 比色管中,按绘制标准曲线步骤测定吸光度,并由标准曲线上查得水样浊度。

5. 结果的表述

浊度按公式(1-1)计算。

$$浊度(度)=\frac{A(B+C)}{C} \tag{1-1}$$

式中:A 为稀释后水样的浊度,度;B 为稀释水体积,mL;C 为原水样体积,mL。

不同浊度范围测试结果的精度要求如下:

浊度范围/度	精度/度	浊度范围/度	精度/度
1~10	1	400~1 000	50
10~100	5	大于 1 000	100
100~400	10		

6. 注意事项

硫酸肼毒性较强,属致癌物质,取用时注意。

二、目视比浊法

1. 方法原理

将水样与由硅藻土(或白陶土)配制的浊度标准液进行比较。相当于 1 mg 一定粒度的硅藻土(白陶土)在 1 000 mL 水中所产生的浊度,称为 1 度。

2. 仪器

100 mL 具塞比色管;250 mL 具塞无色玻璃瓶,玻璃质量和直径均需一致。

3.试剂

(1)浊度标准贮备液

①称取 10 g 通过 0.1 mm 筛孔(150 目)的硅藻土于研钵中,加入少许蒸馏水调成糊状并研细,移至 1 000 mL 量筒中,加水至刻度。充分搅拌,静置 24 h。用虹吸法仔细将上层 800 mL 悬浮液移至第二个 1 000 mL 量筒中。向第二个量筒内加水至 1 000 mL,充分搅拌后再静置 24 h。

②虹吸出上层含较细颗粒的 800 mL 悬浮液,弃去。下部溶液加水稀释至 1 000 mL。充分搅拌后贮于具塞玻璃瓶中,作为浊度原液,其中含有的硅藻土颗粒的直径为 400 μm 左右。

③取上述悬浊液 50.0 mL 置于已恒重的蒸发皿中,在水浴上蒸干。于 105℃烘箱内烘 2 h,置干燥器中冷却 30 min,称重。重复以上操作,即烘 1 h,冷却,称重,直至恒重。求出每毫升悬浊液中含硅藻土的重量(mg)。

(2)浊度 250 度的标准液 吸取含 250 mg 硅藻土的悬浊液,置于 1 000 mL 容量瓶中,加水至刻度,摇匀。此溶液浊度为 250 度。

(3)浊度 100 度的标准液 吸取浊度为 250 度的标准液 100 mL 置于 250 mL 容量瓶中,用水稀释至标线,此溶液浊度为 100 度的标准液。

4.步骤

(1)浊度低于 10 度的水样

①吸取浊度为 100 度标准液 0,1.0,2.0,3.0,4.0,5.0,6.0,7.0,8.0,9.0 及 10.0 mL 于 100 mL 比色管中,加水稀释至标线,混匀。其浊度依次为 0,1.0,2.0,3.0,4.0,5.0,6.0,7.0,8.0,9.0,10.0 度的标准液。

②取 100 mL 摇匀水样置于 100 mL 比色管中,与上述浊度标准液进行比较。可在黑色底板上由上往下垂直观察。选出与水样产生相近视觉效果的标液,记下其浊度值。

(2)浊度为 10 度以上的水样

①吸取浊度为 250 度的标准液 0,10,20,30,40,50,60,70,80,90 及 100 mL 置于 250 mL 的容量瓶中,加水稀释至标线,混匀。即得浊度为 0,10,20,30,40,50,60,70,80,90 和 100 度的标准液,移入成套的 250 mL 具塞玻璃瓶中,密塞保存。

②取 250 mL 摇匀水样,置于成套的 250 mL 具塞玻璃瓶中,瓶后放一有黑线的白纸作为判别标志。从瓶前向后观察,根据目标清晰程度,选出与水样产生视觉效果相近的标准液,记下其浊度值。

③水样浊度超过 100 度时,用水稀释后测定。

5.结果的表述

水样浊度可直接读数。

三、实施记录

实施记录单

任务		检验员		时间	

一、器材准备记录

数量记录：

异常记录：

不足记录：

二、操作记录

操作中违反操作规范、可能造成污染的步骤：

操作步骤有错误的环节：

操作中器材使用情况记录（是否有浪费、破损、不足）：

三、原始数据记录

移取标液体积/mL	0	0.5	1.25	2.5	5.0	10.0	12.5
浊度/度	0	4	10	20	40	80	100
吸光度							

工作标准曲线绘制：

线性方程：_____

工作曲线线性：_____

四、成果评价

考核评分表

序号	作业项目	考核内容	分值	操作要求	考核记录	扣分	得分
一	仪器调校（10分）	仪器预热	5	已预热			
		波长正确性、吸收池配套性检查	5	正确			
二	溶液配制（15分）	比色管使用	5	正确规范（洗涤、试漏、定容）			
		移液管使用	5	正确规范（润洗、吸放、调刻度）			
		显色时间控制	5	正确			
三	仪器使用（30分）	比色皿使用	5	正确规范			
		调"0"和"100"操作	5	正确规范			
		波长选择	5	正确			
		测量由稀到浓	5	是			
		参比溶液的选择和位置	5	正确			
		读数	5	及时、准确			
四	数据处理和实训报告（40分）	工作曲线绘制,报告	15	合格			
		准确度	15	正确、完整、规范、及时			
		工作曲线线性	0	＜0.99　　　　差			
			4	0.99～0.999　　一般			
			8	0.999 1～0.999 9　较好			
			10	＞0.999 9　　　好			
五	文明操作结束工作（5分）	物品摆放整齐,仪器结束工作	5	仪器拔电源,盖防尘罩;比色皿清洗,倒置控干。台面无杂物或水迹,废纸、废液不乱扔、乱倒,仪器结束工作良好			
六	总分						

【相关知识】

一、分光光度计检测流程

通电→仪器自检（BLA）→预热 20 min→设定波长→方式设定 MOOD→T（或 A）→仪器调"0.000"（将遮光杯）置入光路，在 T 方式下按"％T"键→仪器自动校正后显示"0.000"→参比液调至"0.000"A→样品测定→读取"A"。

二、注意事项

①预热时保证仪器准确稳定。

②清洁比色皿时，用待测液润洗、冲洗。

③比色皿不能随意选择，要配套。

④比色皿内盛液体量不能超过 2/3，有液体时应用擦镜纸拭干，以保证光路通过时不受影响。

⑤拿放比色皿时应持其"毛面"，杜绝接触光路通过的"光面"。

⑥溶液浓度要适当，吸光度读数处于 0.1～0.7 为宜，否则误差较大，要适当调整浓度。

⑦分光光度计连续使用一般不超过 2 h。

【问题与讨论】

1.分光光度计通常由哪 5 部分组成？并简述各部分功能。

2.对分光光度计的光源应该有什么要求？

3.何谓单色光及单色器？

4.吸光度的定义是什么？其数学表达式是什么？

5.检定分光光度计的"稳定性"主要是考核哪些方面的因素？

6.请写出分光光度法（包括原子吸收分光光度法）和气相色谱法检出限的取值计算方法。

7.请简述空白实验的作用。

任务二　水样中高锰酸钾指数的测定

知识点：1.掌握高锰酸钾指数标准 GB 11892—1989 测定方法。

　　　　2.熟知高锰酸钾氧化还原的基本原理。

　　　　3.掌握用标准溶液标定试剂的基本方法及步骤。

技能点：1.能正确使用酸式滴定管进行滴定。

　　　　2.能熟练进行空白试验。

　　　　3.能准确进行数据处理。

数字资源 1-2
水样中高锰酸钾
指数的测定

【任务背景】

以高锰酸钾溶液为氧化剂测得的化学耗氧量,以前称为锰法化学耗氧量。我国新的环境水质标准中,已将该值改称为高锰酸盐指数,而仅将酸性重铬酸钾法测得的值称为化学需氧量。国际标准化组织(简称 ISO)建议高锰酸钾法仅限于测定地表水、饮用水和生活污水,不适用于工业废水。

按测定溶液的介质不同,测定可分为酸性高锰酸钾法和碱性高锰酸钾法。因为在碱性条件下高锰酸钾的氧化能力比酸性条件下稍弱,此时不能氧化水中的氯离子,故碱性高锰酸钾法常用于测定含氯离子浓度超过 300 mg/L 的水样。酸性高锰酸钾法适用于氯离子含量不超过 300 mg/L 的水样。当高锰酸盐指数超过 5 mg/L 时,应少取水样并经稀释后再测定。此法的最低检出限为 0.5 mg/L,测定上限为 4.5 mg/L。

【任务实施】

一、准备工作

所需检验项目	水样的高锰酸钾指数测定			
所需设备	25 mL 酸式滴定管		水浴或相当的加热装置	
所需试剂	草酸钠标准贮备液 0.10 mol/L		高锰酸钾标准贮备液 0.1 mol/L	
	草酸钠标准溶液 0.01 mol/L		高锰酸钾标准溶液 0.01 mol/L	
	(1+3)硫酸溶液		氢氧化钠溶液 500 g/L	
所需玻璃器皿(规格及数量)	250 mL 锥形瓶	1～10 mL 移液管	1 000 mL 容量瓶	100 mL 量筒
所需其他备品	洗瓶			
团队分工	物品准备员: 记录员: 检验员: 监督员:			

二、测定要点

(一)所需试剂及配制

1.(1+3)硫酸溶液

在不断搅拌下,将 100 mL 密度为 1.84 g/mL 的硫酸慢慢加入 300 mL 蒸馏水中。

2.草酸钠溶液

(1)草酸钠标准贮备液,$c(1/2Na_2C_2O_4)=0.100\,0$ mg/L   称取在 120℃烘干 2 h 并冷却后的草酸钠 0.670 5 g 溶于蒸馏水,移入 100 mL 容量瓶中,用蒸馏水稀释至标线,摇匀待用,置 4℃保存。

(2)草酸钠标准溶液,$c(1/2Na_2C_2O_4)=0.010\,0$ mol/L   吸取 10.00 mL 上述草酸钠标准贮备液,移入 100 mL 容量瓶中,用蒸馏水稀释至刻度,摇匀。

3.高锰酸钾溶液

(1)高锰酸钾标准贮备液,$c(1/5KMnO_4)=0.1$ mol/L 称取高锰酸钾3.2 g溶解于蒸馏水并稀释至1 000 mL。于90~95℃水浴中加热此溶液2 h,冷却。存放2 d后,倾出清液,存于棕色玻璃瓶中。

(2)高锰酸钾标准溶液,$c(1/5KMnO_4)=0.01$ mol/L 吸取100 mL高锰酸钾标准贮备液于1 000 mL容量瓶中,用蒸馏水稀释至标线,混匀。此溶液在暗处可保存几个月,使用当天标定其浓度。

(二)测定步骤

1.水样测定

吸取100.0 mL经充分摇动,混合均匀的水样(或分取适量,用水稀释至100 mL),置于250 mL锥形瓶中,加入(5±0.5) mL硫酸溶液(1+3),用滴定管加入10.00 mL的0.01 mol/L高锰酸钾溶液,摇匀;加数粒玻璃珠,在水浴上加热到沸腾,煮沸(30±2) min(水浴沸腾,开始计时)。取出后,加入10.00 mL的0.010 0 mol/L草酸钠溶液至溶液变成无色,趁热用0.01 mol/L高锰酸钾溶液滴定至微红色,并保持30 s不褪色。记录耗用的高锰酸钾溶液的体积(V_1)。要求回滴用的高锰酸钾量在5 mL左右,如滴定耗用体积太大或太小,应更改水样取用量后重做。

水样测定需要注意以下几点。

①沸水浴的水面要高于锥形瓶内的液面。

②样品量以加热氧化后残留的高锰酸钾为其加入量的1/3~1/2为宜。加热时,如溶液红色褪去,说明高锰酸钾量不够,须重新取样,经稀释后测定。

③滴定时温度如低于60℃,反应速度缓慢,因此应加热至80℃左右。

④沸水浴温度为98℃,如在高原地区,报出数据时,需注明水的沸点。

2.高锰酸钾溶液校正系数(K)的测定

将上述已滴定完毕的溶液加热到60~80℃,准确加入10.00 mL的0.010 0 mol/L草酸钠溶液,立即用高锰酸钾溶液滴定至微红色,并保持30 s不褪色,记录耗用的高锰酸钾溶液体积(V_2)。

3.空白值测定

空白水样用蒸馏水稀释时,则另取100 mL蒸馏水,按水样操作步骤进行空白试验,记录耗用的高锰酸钾溶液的体积(V_0)。

(三)结果计算及表示

高锰酸钾溶液校正系数按公式(1-2)计算。

$$K=10.00/V_2 \qquad (1-2)$$

1.水样不经稀释

水样不经稀释时高锰酸钾值(I_{Mn})按公式(1-3)计算。

$$I_{Mn}=\frac{\left[(10+V_1)\dfrac{10}{V_2}-10\right]\times c\times 8\times 1\,000}{100} \qquad (1-3)$$

式中:V_1为样品滴定时,消耗高锰酸钾溶液体积,mL;V_2为测定校正系数K时,消耗高锰酸钾溶液体积,mL;c为草酸钠标准溶液浓度,0.010 0 mol/L;8为氧(1/2O)的摩尔质量,g/mol。

2.水样经稀释

水样经稀释时高锰酸钾值 I_{Mn} 按公式(1-4)计算。

$$I_{Mn} = \frac{\left[(10+V_1)\dfrac{10}{V_2}-10\right]-\left[(10+V_0)\dfrac{10}{V_2}-10\right]\times f}{V_3}\times c\times 8\times 1\,000 \qquad (1\text{-}4)$$

式中：V_0 为空白试验时，消耗高锰酸钾溶液体积，mL；V_3 为所取样品体积，mL；f 为稀释样品时，蒸馏水在 100 mL 测定用体积内所占的比例（例如：10 mL 样品用蒸馏水稀释至 100 mL，则 $f=\dfrac{100-10}{100}=0.90$）。

(四)精密度

5 个实验室测定高锰酸钾值为 4.0 mg/L 的葡萄糖统一分发标准溶液。

1.重复性

实验室内相对标准偏差为 4.2%。

2.再现性

实验室间相对标准偏差为 5.2%。

三、实施记录

实施记录单

任务		检验员		时间	
一、器材准备记录 数量记录： 异常记录： 不足记录：					
二、操作记录 操作中违反操作规范、可能造成污染的步骤： 操作步骤有错误的环节： 操作中器材使用情况记录(是否有浪费、破损、不足)：					

三、数据记录

测定各值	V_0/mL	V_1/mL	V_2/mL	V_3/mL	f
1					
2					
3					
平均值					

四、成果评价

考核评分表

序号	作业项目	考核内容	分值	操作要求	考核记录	扣分	得分
一	水浴锅加热（5分）	注水加热	5	正确规范			
二	溶液配制（15分）	准确称量药剂	5	准确规范			
		移液管使用	5	正确规范（润洗、吸放、调刻度）			
		容量瓶使用	5	正确规范（洗涤、试漏、定容）			
三	滴定管使用（45分）	两检	5	一是检查滴定管是否破损			
			5	二是检查滴定管是否漏水，如是酸式滴定管还要检查玻璃塞旋转是否灵活			
		三洗	5	当没有明显污染时，可以直接用自来水冲洗			
			5	用蒸馏水淌洗2~3次，每次用5~10 mL蒸馏水			
			5	用欲装入的标准溶液最后淌洗2~3次，每次用5~10 mL溶液			
		标准溶液的装入	5	标准溶液摇匀，一定要用试剂瓶直接装入			
		排气	5	快速排液，以排除滴定管下端的气泡			
		滴定	5	左手控制活塞，右手持锥形瓶，使瓶底向同一方向做圆周运动			
		读数	5	及时、准确，终点一滴变色			
四	数据处理和实训报告（30分）	准确度	15	合格			
		实训报告	15	正确、完整、规范、及时			
五	文明操作结束工作（5分）	物品摆放整齐，仪器结束工作	5	仪器拔电源，铁架台等仪器放到指定位置；玻璃仪器清洗，洗净控干。台面无杂物或水迹，废纸、废液不乱扔、乱倒，仪器结束工作良好			
六	总分						

【相关知识】

一、高锰酸钾指数测定原理

主要采用中华人民共和国国家标准(GB 11892—1989)或《水和废水监测分析方法》中的标准方法测定高锰酸钾指数,此 2 种方法是等同的。根据水中氯离子浓度的不同,又分为酸性高锰酸盐法和碱性高锰酸盐法 2 种,普遍采用的是酸性高锰酸盐法。在酸性条件下,用高锰酸钾将水样中的还原性物质(有机物和无机物)氧化,反应剩余的 $KMnO_4$ 加入体积准确而过量的草酸钠予以还原。过量的草酸钠再以 $KMnO_4$ 标准溶液回滴。

二、主题内容与适用范围

本测定方法适用于饮用水、水源水和地表水的测定,测定范围为 0.5～4.5 mg/L。对污染较重的水,可少取水样,经适当稀释后测定。

本测定方法不适用于测定工业废水中有机污染的负荷量,如需测定,可用重铬酸钾法测定化学需氧量。

样品中无机还原性物质如 NO_3^-、S^{2-} 和 Fe^{2+} 等可被测定。氯离子浓度高于 300 mg/L 时,采用在碱性介质中氧化的测定方法。

不同水体高锰酸钾指数对照见表 1-1。

表 1-1　不同水体高锰酸钾指数对照　　　　　　　　　　　　　　　　mg/L

项目	类别				
	Ⅰ	Ⅱ	Ⅲ	Ⅳ	Ⅴ
地表水	≤2	≤4	≤6	≤10	≤15
地下水	≤1.0	≤2.0	≤3.0	≤10	>10

三、水样保存

采样后要加入硫酸,使样品 pH 为 1～2 并尽快分析。如保存时间超过 6 h,需置暗处,0～5℃下保存,不得超过 2 d。

四、注意事项

①在水浴中加热完毕后,溶液仍应保持淡红色,如变浅或全部褪去,应将水样的稀释倍数加大后再测定。

②在酸性条件下,草酸钠和高锰酸钾反应的温度应保持在 60～80℃,所以滴定操作必须趁热进行,若溶液温度过低,需适当加热。

③必须注意,滴定管下端不能有气泡。快速放液,可赶走酸式滴定管中的气泡;轻轻抬起尖嘴玻璃管,并用手指挤压玻璃球,可赶走碱式滴定管中气泡。

④酸式滴定管不得用于装碱性溶液,因为玻璃的磨口部分易被碱性溶液腐蚀,从而使塞子无法转动。

⑤碱式滴定管不宜用于装对橡皮管有腐蚀性(强氧化性或酸性)的溶液,如碘、高锰酸钾、硝酸银和盐酸等。

⑥滴定管不同于量筒，其读数自上而下由小变大。

⑦滴定管用后应立即洗净。

【问题与讨论】

一、选择题

1.酸性高锰酸钾法适用于氯离子质量浓度不超过(　　)mg/L 的水样。

A. 600　　　　　　B. 500　　　　　　C. 1 000　　　　　　D. 300

2.对于同一水样，下列关系正确的是(　　)。

A. COD_{Mn}＞COD_{cr}　　　　　　B. COD_{cr}＞COD_{Mn}

C. COD_{Mn}＝COD_{cr}　　　　　　D. B、C 都有可能

3.盛高锰酸钾溶液的试剂瓶中产生的棕色污垢可以用(　　)洗涤。

A. 稀硝酸　　　　　B. 草酸　　　　　C. 碱性乙醇　　　　　D. 铬酸洗液

4.配制高锰酸钾溶液加热煮沸主要是为了(　　)。

A. 将溶液中还原物质转化　　　　　B. 助溶

C. 杀灭细菌　　　　　　　　　　　D. 析出沉淀

二、判断题

1.高锰酸盐指数适用于表征工业废水中的有机污染物和还原性无机物污染。(　　　)

2.酸性高锰酸钾法适合盐水中有机物含量的测定。(　　　)

三、问答题

1.什么是高锰酸盐指数？高锰酸钾指数法适用于哪些水的测定？

2.高锰酸钾指数和 COD 的区别和联系有哪些？

3.高锰酸钾指数实验的注意事项有哪些？

4.空白试验的目的是什么？

5.高锰酸钾指数实验步骤有哪些？

任务三　水样中余氯的测定

知识点:1.掌握水质游离氯和总氯 HJ 586—2010 标准测定方法。

　　　　2.熟知 N,N-二乙基-1,4-苯二胺分光光度法基本原理。

　　　　3.掌握水样现场采集固定的方法。

技能点:1.能正确进行分光光度计使用。

　　　　2.能熟练配制标准溶液。

　　　　3.能正确进行工作曲线线性相关性分析。

数字资源 1-3

水样中余氯的测定

【任务背景】

在水中投加含氯消毒剂消毒杀菌后,除了与水中细菌、微生物、有机物、无机物等作用消耗一部分氯外,还剩下一部分氯,这部分氯就称为总余氯,又称为总氯。接触作用 30 min 浓度在 0.3 mg/L 以上游离余氯(又称为游离氯)时,对肠道致病菌(如伤寒、痢疾等)、钩端螺旋体、布氏杆菌等均有杀灭作用。集中式给水管网末梢水的游离余氯质量浓度,还可作为预示水质有无再次污染的信号,故国家对管网末梢水的游离余氯质量浓度也做出相应规定。标准规定游离余氯"在与水接触 30 min 后应不低于 0.3 mg/L,管网末梢水不应低于 0.05 mg/L(适用于加氯消毒)"。

【任务实施】

一、准备工作

所需检验项目	水样的余氯测定			
所需设备	722 分光光度计,并配有 10 mm 和 50 mm 比色皿			电子天平
所需试剂	碘酸钾	N,N-二乙基-1,4-苯二胺硫酸盐		
	无水磷酸氢二钠	氢氧化钠	亚砷酸钠	硫代乙酰胺
所需玻璃器皿(规格及数量)	50 mL 具塞比色管	1～10 mL 移液管		
所需其他备品	洗瓶			
团队分工	物品准备员: 记录员: 检验员: 监督员:			

二、测定要点

(一)所需试剂及配制

1. 实验用水

实验用水为不含氯和还原性物质的去离子水或二次蒸馏水,实验用水需通过检验方能使用。以下配制溶液,未特殊说明均指实验用水。

检验方法:向第一个 250 mL 锥形瓶中加入 100 mL 待测水和 1.0 g 碘化钾混匀。1 min 后,加入 5.0 mL 缓冲溶液和 5.0 mL DPD 试液;再向第二个 250 mL 锥形瓶中加入 100 mL 待测水和 2 滴次氯酸钠溶液。2 min 后,加入 5.0 mL 缓冲溶液和 5.0 mL DPD 试液。

第一个瓶中应不显色,第二个瓶中应显粉红色。否则需将实验用水经活性炭柱处理,使之脱氯,并再次按照上述步骤检验其质量,直至合格后方能使用。

2. 浓硫酸

$\rho = 1.84$ g/mL

3. 碘化钾(KI)

晶体。

4. 次氯酸钠溶液

$\rho(Cl_2) \approx 0.1$ g/L

由次氯酸钠浓溶液(商品名"安替福民")稀释而成。

5. 硫酸溶液

$c(H_2SO_4) = 1.0$ mol/L

于 800 mL 水中,在不断搅拌下小心加入 54.0 mL 浓硫酸,冷却后将溶液移入 1 000 mL 容量瓶中,加水至标线,混匀。

6. 氢氧化钠溶液

$c(NaOH) = 2.0$ mol/L

称取 80.0 g 氢氧化钠,溶解于 800 mL 水中,待溶液冷却后移入 1 000 mL 容量瓶,加水至标线,混匀。

7. 氢氧化钠溶液

$c(NaOH) = 1.0$ mol/L

称取 40.0 g 氢氧化钠,溶解于 500 mL 水中,待溶液冷却后移入 1 000 mL 容量瓶,加水至标线,混匀。

8. 碘酸钾标准贮备液

$\rho(KIO_3) = 1.006$ g/L

称取优级碘酸钾(预先在 120～140℃下烘干 2 h)1.006 g,溶于水中,移入 1 000 mL 容量瓶中,加水至标线,混匀。

9. 碘酸钾标准使用液 I

$\rho(KIO_3) = 10.06$ mg/L

吸取 10.0 mL 碘酸钾标准贮备液于 1 000 mL 棕色容量瓶中,加入约 1 g 碘化钾,加水至标线,混匀。1.00 mL 标准使用液中含 10.06 μg KIO$_3$,相当于 0.141 μmoL(10.0 μg) Cl$_2$。临用现配。

10. 碘酸钾标准使用液 II

$\rho(KIO_3) = 1.006$ mg/L

吸取 10.0 mL 碘酸钾标准使用液 I 于 100 mL 棕色容量瓶中,加水至标线,混匀。临用现配。1.00 mL 标准使用液中含 1.006 μg KIO$_3$,相当于 0.014 μmoL(1.0 μg)Cl$_2$。

11. 磷酸盐缓冲溶液

pH=6.5

称取 24.0 g 无水磷酸氢二钠（Na_2HPO_4）或 60.5 g 十二水合磷酸氢二钠（$Na_2HPO_4 \cdot 12H_2O$）以及 46.0 g 磷酸二氢钠（NaH_2PO_4），依次溶于水中，加入 100 mL 浓度为 8.0 g/L 的二水合 EDTA 二钠（$C_{10}H_{14}N_2O_8Na_2 \cdot 2H_2O$）溶液或 0.8 g Na_2EDTA 固体，转移至 1 000 mL 容量瓶中，加水至标线，混匀。必要时，可加入 0.020 g 氯化汞以防止霉菌繁殖及试剂内痕量碘化物对游离氯检验的干扰。

12. N,N-二乙基-1,4-苯二胺硫酸盐溶液（DPD）

$$\rho[NH_2\text{-}C_6H_4\text{-}N(C_2H_5)_2 \cdot H_2SO_4] = 1.1 \text{ g/L}$$

将 2.0 mL 硫酸和 25 mL 浓度为 8.0 g/L 的 Na_2EDTA $\cdot 2H_2O$ 溶液或 0.2 g Na_2EDTA 固体，加入 250 mL 水中配制成混合溶液。将 1.1 g 无水 DPD 硫酸盐或 1.5 g 五水合物，加入上述混合溶液中，转移至 1 000 mL 棕色容量瓶中，加水至标线，混匀。溶液装在棕色试剂瓶中，4℃保存。若溶液长时间放置后变色，应重新配制。

注意，也可用 1.1 g DPD 草酸盐或 1.0 g DPD 盐酸盐代替 DPD 硫酸盐。

13. 亚砷酸钠溶液或硫代乙酰胺溶液

$$\rho(NaAsO_2) = 2.0 \text{ g/L}; \rho(CH_3CSNH_2) = 2.5 \text{ g/L}$$

（二）测定步骤

1. 校准曲线的绘制

（1）高浓度样品的校准曲线绘制　分别吸取 0.00，1.00，2.00，3.00，5.00，10.0 和 15.0 mL 碘酸钾标准使用液 I 于 100 mL 容量瓶中，加适量（约 50 mL）水。向各容量瓶中加入 1.0 mL 硫酸溶液。1 min 后，向各容量瓶中加入 1 mL NaOH 溶液，用水稀释至标线。各容量瓶中氯质量浓度 $\rho(Cl_2)$ 分别为 0.00，0.10，0.20，0.30，0.50，1.00 和 1.50 mg/L。

在 250 mL 锥形瓶中各加入 15.0 mL 缓冲溶液和 5.0 mL DPD 溶液，于 1 min 内将上述标准系列溶液加入锥形瓶中，混匀后，在波长 515 nm 处，用 10 mm 比色皿测定各溶液的吸光度，于 60 min 内完成比色分析。

以空白矫正后的吸光度值为纵坐标，以其对应的氯质量浓度 $\rho(Cl_2)$ 为横坐标，绘制校准曲线。

（2）低浓度样品的校准曲线绘制　分别吸取 0.00，2.00，4.00，8.00，12.00，16.00 和 20.0 mL 碘酸钾标准使用液 II 于 100 mL 容量瓶中，加适量（约 50 mL）水。向各容量瓶中加入 1.0 mL 硫酸溶液。1 min 后，向各容量瓶中加入 1 mL NaOH 溶液，用水稀释至标线。各容量瓶中氯质量浓度 $\rho(Cl_2)$ 分别为 0.00，0.02，0.04，0.08，0.12，0.16 和 0.20 mg/L。

在 250 mL 锥形瓶中各加入 15.0 mL 缓冲溶液和 1.0 mL DPD，于 1 min 内将上述标准系列溶液加入锥形瓶中，混匀后，在波长 515 nm 处，用 50 mm 比色皿测定各溶液的吸光度，于 60 min 内完成比色分析。

以空白校正后的吸光度值为纵坐标，以其对应的氯质量浓度 $\rho(Cl_2)$ 为横坐标，绘制校准曲线。

2. 游离余氯的测定

于 250 mL 锥形瓶中，依次加入 15.0 mL 磷酸盐缓冲溶液、5.0 mL DPD 溶液和 100 mL

水样(或稀释后的水样),在与绘制校准曲线相同条件下测定吸光度。用空白矫正后的吸光度值计算质量浓度 ρ_1。

对于含有氧化锰和六价铬的试样可通过测定两者含量消除其干扰。取 100 mL 试样于 250 mL 锥形瓶中,加 1.0 mL 亚砷酸钠溶液或硫代乙酰胺溶液,混匀。再加入 15.0 mL 缓冲液和 5.0 mL DPD 溶液,测定吸光度,记录质量浓度 ρ_3,相当于氧化锰和六价铬的干扰。若水样需稀释,应测定稀释后样品的氧化锰和六价铬干扰。

注意,进行低浓度样品游离氯测定时,应加入 1.0 mL DPD 试剂。

3. 总氯的测定

在 250 mL 锥形瓶中,依次加入 15.0 mL 磷酸盐缓冲溶液、5.0 mL DPD 溶液、100 mL 水样(或稀释后的水样)和 1.0 g 碘化钾,混匀。在与绘制校准曲线相同条件下测定吸光度。用空白校正后的吸光度值计算质量浓度 ρ_2。

对于含有氧化锰和六价铬的试样,可通过测定其含量消除干扰,其测定方法同游离余氯的测定。

注意,进行低浓度样品总氯测定时,应加入 1.0 mL DPD 试剂。

4. 空白实验

用实验用水代替试样,按照游离余氯和总氯的测定方法进行测定。空白试样应与样品同批测定。

(三)结果计算及表示

1. 游离氯的计算

游离氯的质量浓度 $\rho(\mathrm{Cl_2})$ 按公式(1-5)进行计算。

$$\rho(\mathrm{Cl_2}) = (\rho_1 - \rho_3) \times f \tag{1-5}$$

式中:$\rho(\mathrm{Cl_2})$ 为水样中游离氯的质量浓度(以 $\mathrm{Cl_2}$ 计),mg/L;ρ_1 为试样中游离氯的质量浓度(以 $\mathrm{Cl_2}$ 计),mg/L;ρ_3 为测定氧化锰和六价铬干扰时相当于氯的质量浓度,mg/L,若不存在氧化锰和六价铬,则 $\rho_3 = 0$ mg/L;f 为水样稀释比。

2. 总氯的计算

总氯浓度 $\rho(\mathrm{Cl_2})$ 按公式(1-6)进行计算。

$$\rho(\mathrm{Cl_2}) = (\rho_2 - \rho_3) \times f \tag{1-6}$$

式中:$\rho(\mathrm{Cl_2})$ 为水样总氯的质量浓度(以 $\mathrm{Cl_2}$ 计),mg/L;ρ_2 为试样中总氯的质量浓度(以 $\mathrm{Cl_2}$ 计),mg/L;ρ_3 为测定氧化锰和六价铬干扰时相当于氯的质量浓度,mg/L,若不存在氧化锰和六价铬,$\rho_3 = 0$ mg/L;f 为水样稀释比。

3. 结果表示

当测定结果小于 0.01 mg/L 时,保留到小数点后 3 位;大于等于 0.01 mg/L 且小于 10 mg/L 时,保留到小数点后 2 位;大于等于 10 mg/L 时,保留 3 位有效数字。

三、实施记录

实施记录单

任务		检验员		时间	

一、器材准备记录

数量记录：

异常记录：

不足记录：

二、操作记录

操作中违反操作规范、可能造成污染的步骤：

操作步骤有错误的环节：

操作中器材使用情况记录（是否有浪费、破损、不足）：

三、原始数据记录

移取标液体积/mL	0.00	1.00	2.00	3.00	5.00	10.00	15.0
氯质量浓度/(mg/L)	0.00	0.10	0.20	0.30	0.50	1.00	1.50
吸光度							

工作标准曲线绘制：

线性方程：_____

工作曲线线性：_____

四、成果评价

考核评分表

序号	作业项目	考核内容	分值	操作要求	考核记录	扣分	得分
一	仪器调校（10分）	仪器预热	5	已预热			
		波长正确性、吸收池配套性检查	5	正确			
二	溶液配制（15分）	比色管使用	5	正确规范（洗涤、试漏、定容）			
		移液管使用	5	正确规范（润洗、吸放、调刻度）			
		显色时间控制	5	正确			
三	仪器使用（30分）	比色皿使用	5	正确规范			
		调"0"和"100"操作	5	正确规范			
		波长选择	5	正确			
		测量由稀到浓	5	是			
		参比溶液的选择和位置	5	正确			
		读数	5	及时、准确			
四	数据处理和实训报告（40分）	工作曲线绘制，报告	15	合格			
		准确度	15	正确、完整、规范、及时			
		工作曲线线性	0	<0.99　　　　差			
			4	0.99～0.999　　一般			
			8	0.999 1～0.999 9　较好			
			10	>0.999 9　　　好			
五	文明操作结束工作（5分）	物品摆放整齐，仪器结束工作	5	仪器拔电源，盖防尘罩；比色皿清洗，倒置控干。台面无杂物或水迹，废纸、废液不乱扔、乱倒，仪器结束工作良好			
六	总分						

【相关知识】

一、游离氯和总氯的组成

水样中余氯的测定包括游离余氯的测定和总氯的测定，游离氯和总氯的组成见表1-2。

表 1-2　名词及其组成

名词		组成
游离氯(游离余氯)	活性游离氯	单质氯、次氯酸
	潜在游离氯	次氯酸盐
总氯(总余氯)		单质氯、次氯酸、次氯酸盐、氯胺

二、游离氯测定原理

在 pH 为 6.2～6.5 条件下,游离氯直接与 N,N-二乙基-1,4-苯二胺(DPD)发生反应,生成红色化合物,在 515 nm 波长下,采用分光光度法测定其吸光度。

由于游离氯标准溶液不稳定且不易获得,本标准以碘分子或$(I_3)^-$代替游离氯做校准曲线。以碘酸钾为基准,在酸性条件下与碘化钾发生如下反应:$IO_3^- + 5I^- + 6H^+ = 3I_2 + 3H_2O,I_2 + I^- = [I_3]^-$,生成的碘分子或$[I_3]^-$与 DPD 发生显色反应,碘分子与氯分子的物质的量的比例关系为 1:1。

三、干扰和消除

1. 其他氯化合物的干扰

二氧化氯对游离氯和总氯的测定产生干扰,亚氯酸盐对总氯的测定产生干扰。二氧化氯和亚氯酸盐可通过测定其浓度加以矫正,其测定方法见 GB/T 5750.11—2006 和 GB/T 5750.10—2006。

高浓度的一氯胺对游离氯的测定产生干扰。可以通过加亚砷酸钠溶液或硫代乙酰胺溶液消除一氯胺的干扰。

2. 氧化锰和六价铬的干扰

氧化锰和六价铬会对测定产生干扰,可通过测定氧化锰和六价铬的浓度来消除干扰。

3. 其他氧化物的干扰

本方法在以下氧化剂存在的情况下有干扰:溴、碘、溴胺、碘胺、臭氧、过氧化氢、铬酸盐、氧化锰、六价铬、亚硝酸根、铜离子(Cu^{2+})和铁离子(Fe^{3+})。其中 Cu^{2+}(<8 mg/L)和 Fe^{3+}(<20 mg/L)的干扰可通过缓冲溶液和 DPD 溶液中的 Na_2EDTA 掩蔽,其他氧化物干扰可加亚砷酸钠溶液或硫代乙酰胺溶液消除。铬酸盐的干扰可通过加入氯化钡消除。

四、注意事项

①对于高浓度样品,采用 10 mm 比色皿,本方法的检出限(以 Cl_2 计)为 0.03 mg/L,测定范围(以 Cl_2 计)为 0.12～1.50 mg/L。

②对于低浓度样品,采用 50 mm 比色皿,本方法的检出限(以 Cl_2 计)为 0.004 mg/L,测定范围(以 Cl_2 计)为 0.016～0.20 mg/L。

③对于游离氯或总氯浓度高于本方法测定上限的样品,可适当稀释后进行测定。

④本方法使用一般实验室常用仪器设备。实验中的玻璃器皿需在次氯酸钠溶液中浸泡

1 h,然后用水充分漂洗。

⑤关于样品的采集与保存。由于游离氯和总氯不稳定,样品应尽量现场测定。如样品不能现场测定,则需加入固定剂保存。可预先加入采样体积1‰的NaOH溶液到棕色玻璃瓶中,采集水样使其充满采样瓶,立即加盖塞紧并密封,避免水样接触空气。若样品呈酸性,应加大NaOH溶液的加入量,确保水样pH大于12。水样用冷藏箱运送,在实验室内4℃,避光条件下保存,5 d内测定。

⑥当样品在现场测定时,若样品过酸、过碱或盐浓度较高,应增加缓冲液的加入量,以确保试样的pH为6.2~6.5。测定时,样品应避免强光、振摇和温热。

⑦若样品需运回实验室分析,对于酸性很强的水样,应增加固定剂NaOH溶液的加入量,使样品的pH＞12;若样品NaOH溶液加入体积大于样品体积的1‰,则应对样品体积进行校正;对于碱性很强的水样(pH＞12),则不需加入固定剂,测定时应增加缓冲液的加入量,使试样的pH为6.2~6.5;对于加入固定剂的高盐样品,测定时也需调整缓冲液的加入量,使试样的pH为6.2~6.5。

⑧测定游离氯和总氯的玻璃器皿应分开使用,以防止交叉污染。

【问题与讨论】

1.简述碘量法测定水中余氯的原理。

2.简述N,N-二乙基-1,4-苯二胺分光光度法测定水中余氯的原理。

3.试述N,N-二乙基-1,4-苯二胺滴定法测定总氯的原理。

4.碘量法测定水中余氯的干扰有哪些?如何消除?

5.N,N-二乙基-1,4-苯二胺分光光度法测定水中余氯的干扰有哪些?如何校正?

6.N,N-二乙基-1,4-苯二胺滴定法测定水中余氯的干扰有哪些?如何消除?

7.如何制备无氧化性和无还原性物质的实验用水?

任务四　水样中细菌总数的测定

知识点:1.掌握 HJ 1000—2018 水质细菌总数的测定方法。
　　　　2.掌握平皿计数法基本原理。
　　　　3.掌握无菌操作的方法。

技能点:1.能正确进行营养琼脂培养基配制。
　　　　2.能准确进行平板菌落计数。
　　　　3.能熟练进行灭菌操作。

数字资源 1-4
水样中细菌
总数的测定

【任务背景】

生活用水的水源常被生活污水、工业废水以及人畜粪便所污染。腐生性微生物对人无害,而病源性微生物则能引起传染病甚至流行病,如霍乱、伤寒、细菌性痢疾和阿米巴性痢疾以及脊髓灰质炎和传染性肝炎等病毒性疾病。水中的细菌总数越多,说明水中有机物的含量就越高,水体被有机物污染的程度越重。水中细菌的种属繁多,它们对营养和其他生长条件的要求差别很大,不可能找到一种培养基在一种条件下,使水中所有的细菌均能生长繁殖。以一定的培养基平板上生长出来的菌落计算出来的水样中细菌的总数实际上是一种近似值。

肠道中的绝大多数腐生性和致病性的细菌,可在牛肉膏蛋白胨培养基上进行生长。因此,应用平板菌落计数技术来测定水样中的细菌总数基本上能代表水样中细菌的数量。

【任务实施】

一、准备工作

所需检验项目	水样中细菌总数的测定		
所需设备	恒温培养箱:允许温度偏差(36±1)℃	放大镜或菌落计数器	
	恒温水浴锅:47℃可调	pH 计:准确到 0.1pH 单位	
	高压蒸汽灭菌器:115、121℃可调	冰箱:0~4℃	
	一般实验室常用仪器和设备		
所需试剂	营养琼脂培养基	无菌水	
	硫代硫酸钠(Na$_2$S$_2$O$_3$·5H$_2$O)	乙二胺四乙酸二钠(C$_{10}$H$_{14}$N$_2$O$_8$Na$_2$·2H$_2$O)	
所需玻璃器皿(规格及数量)	采样瓶:250 mL 带螺旋帽或磨口塞的广口玻璃瓶	1~10 mL 移液管	玻璃珠:直径 3~8 mm
所需其他备品	洗瓶	试管	
团队分工	物品准备员: 记录员: 检验员: 监督员:		

注意,玻璃器皿及采样器具试验前要按无菌操作要求包扎,121℃高压蒸汽灭菌 20 min 备用。

二、测定要点

(一)所需试剂及配制

除非另有说明,分析时均使用符合国家标准的分析纯试剂或生物试剂,实验用水为蒸馏水或去离子水。

1.营养琼脂培养基

成分:蛋白胨 10 g、牛肉膏 3 g、氯化钠 5 g、琼脂 15～20 g。将上述成分或含有上述成分的市售成品溶解于 1 000 mL 水中,调节 pH 至 7.4～7.6,分装于玻璃容器中,经 121℃ 高压蒸汽灭菌 20 min,储存于冷暗处备用。避光、干燥保存,必要时在(5±3)℃冰箱中保存,不得超过 1 个月。配制好的营养琼脂培养基不能进行多次融化操作,以少量勤配为宜。当培养基颜色变化或脱水明显时应废弃不用。

2.无菌水

取适量实验用水,经 121℃ 高压蒸汽灭菌 20 min,备用。

3.硫代硫酸钠溶液

$\rho(Na_2S_2O_3)=0.10$ g/mL

称取 15.7 g 硫代硫酸钠,溶于适量水中,定容至 100 mL,临用现配。

4.乙二胺四乙酸二钠溶液

$\rho(C_{10}H_{14}N_2O_8Na_2 \cdot 2H_2O)=0.15$ g/mL

称取 15 g 乙二胺四乙酸二钠,溶于适量水中,定容至 100 mL,此溶液可保存为 30 d。

(二)测定步骤

1.样品稀释

将样品用力振摇 20～25 次,使可能存在的细菌凝团分散。根据样品污染程度确定稀释倍数。以无菌操作方式吸取 10 mL 充分混匀的样品,注入盛有 90 mL 无菌水三角烧瓶中(可放适量的玻璃珠),混匀成 1∶10 稀释样品。吸取 1∶10 的稀释样品 10 mL 注入盛有 90 mL 无菌水的三角烧瓶中,混匀成 1∶100 稀释样品。按相同方法依次稀释成 1∶1 000 和 1∶10 000 的稀释样品。每个样品至少应稀释 3 个适宜浓度。

注意,吸取不同浓度的稀释液时,每次必须更换移液管。

2.接种

以无菌操作方式用 1 mL 灭菌的移液管吸取充分混匀的样品或稀释样品 1 mL,注入灭菌平皿中,倾注 15～20 mL 冷却到 44～47℃ 的营养琼脂培养基,并立即旋摇平皿,使样品或稀释样品与培养基充分混匀。每个样品或稀释样品倾注 2 个平皿。

3.培养

待平皿内的营养琼脂培养基冷却凝固后,翻转平皿,使底面向上(避免因表面水分凝结而影响细菌均匀生长),在(36±1)℃条件下,恒温培养箱内培养(48±2) h 后观察结果。

4.空白试验

用无菌水做实验室空白测定,培养后平皿上不得有菌落生长,否则,该次样品测定结果无效,应查明原因后重新测定。

(三)结果计算及表示

1.结果判读

平皿上有较大片状菌落且超过平皿的 1/2 时,该平皿不参加计数。

片状菌落不到平皿的 1/2,而其余 1/2 菌落分布又很均匀时,将此分布均匀的菌落计数,并乘以 2 代表全皿菌落总数。

外观(形态或颜色)相似,距离相近却不相触的菌落,只要它们之间的距离不小于最小菌落的直径,予以计数。紧密接触而外观相异的菌落,予以计数。

2.结果计算

以每个平皿菌落的总数或平均数(同一稀释倍数 2 个重复平皿的平均数)乘以稀释倍数来计算 1 mL 样品中的细菌总数。各种不同情况的计算方法如下。

①优先选择平均菌落数在 30～300 的平皿进行计数,当只有一个稀释倍数的平均菌落数符合此范围时,以该平均菌落数乘以其稀释倍数为细菌总数测定值(表 1-3 示例 1)。

②若有两个稀释倍数平均菌落数在 30～300,计算两者的比值(两者分别乘以其稀释倍数后,较大值与较小值之比),若其比值小于 2,以两者的平均数为细菌总数测定值(表 1-3 示例 2);若其比值大于或等于 2,则以稀释倍数较小的菌落数乘以稀释倍数的值为细菌总数测定值(表 1-3 示例 3 和示例 4)。

③若所有稀释倍数的平均菌落数均大于 300 的范围内,则以稀释倍数最大的平均菌落数乘以稀释倍数为细菌总数测定值(表 1-3 示例 5)。

④若所有稀释倍数的平均菌落数均小于 30,则以稀释倍数最小的平均菌落数乘以稀释倍数为细菌总数测定值(表 1-3 示例 6)。

⑤若所有稀释倍数的平均菌落数均不在 30～300 的范围内,则以最接近 300 或 30 的平均菌落 数乘以稀释倍数为细菌总数测定值(表 1-3 示例 7)。

3.结果表示

测定结果保留至整数位,最多保留两位有效数字。当测定结果≥100 CFU/mL 时,以科学计数法表示;若未稀释的原液的平皿上无菌落生长,则以"未检出"或"＜1 CFU/mL"表示。

表 1-3　稀释倍数选择及菌落总数测定值

示例	不同稀释倍数的平均菌落数			两个稀释倍数菌落数之比	菌落总数 /(CFU/mL)
	10	100	1 000		
1	1 365	164	20	—	16 400
2	2 760	295	46	1.6	37 750
3	2 890	271	60	2.2	27 100
4	150	30	8	2	1 500
5	无法计数	1 650	513	—	513 000
6	27	11	5		270
7	无法计数	305	12	—	30 500

三、实施记录

实施记录单

任务		检验员		时间	
一、器材准备记录 数量记录： 异常记录： 不足记录： 二、操作记录 操作中违反操作规范、可能造成污染的步骤： 操作步骤有错误的环节： 操作中器材使用情况记录（是否有浪费、破损、不足）： 					

三、原始数据记录

示例	不同稀释倍数的平均菌落数			两个稀释倍数 菌落数之比	菌落总数 /(CFU/mL)
	10	100	1 000		
1					
2					
3					
4					
5					
6					
7					

四、成果评价

考核评分表

序号	作业项目	考核内容	分值	操作要求	考核记录	扣分	得分
一	玻璃仪器（5分）	玻璃仪器洗涤	5	正确规范			
二	培养基制备（15分）	准确称量	5	准确规范			
		灭菌消毒	5	正确规范			
		分装	5	正确规范			
三	实验过程（55分）	样品稀释	5	无菌操作方式			
			5	准确做出1∶10稀释倍数			
			5	准确做出1∶100稀释倍数			
			5	准确做出1∶1 000稀释倍数			
		接种	5	移液管吸取充分混匀的样品			
			3	倾注营养琼脂培养基			
			2	样品与培养基充分混匀			
		培养	5	翻转平皿，使底面向上			
			5	恒温培养箱温度			
		空白试验	5	用无菌水做实验室空白测定			
		结果判读	5	片状菌落分布			
		结果计数	5	菌落计数			
四	数据处理和实训报告（20分）	准确度	0	差			
			5	一般			
			8	较好			
			10	好			
		实训报告	0	差			
			4	一般			
			8	较好			
			10	好			
五	文明操作结束工作（5分）	物品摆放整齐，仪器结束工作	5	平皿清洗，倒置控干。台面无杂物或水迹，废纸、废液不乱扔、乱倒，仪器结束工作完成良好			
六	总分						

【相关知识】

一、水中细菌总数测定原理

将样品接种于营养琼脂培养基中,在特定的物理条件下(36℃培养 48 h)培养,生长的需氧菌和兼性厌氧菌菌落总数即为样品中细菌菌落的总数。

二、注意事项

(一)样品采集

点位布设及采样频次按照 GB/T 14581—1993、HJ 494—2009 和 HJ/T 91—2002 的相关规定执行。采集微生物样品时,采样瓶不得用样品洗涤,采集样品于灭菌的采样瓶中。

采集河流、湖库等地表水样品时,可握住瓶子下部直接将带塞采样瓶插入水中,距水面 10～15 cm 处,瓶口朝水流方向,拔瓶塞,使样品灌入瓶内然后盖上瓶塞,将采样瓶从水中取出。如果没有水流,可握住瓶子水平往前推。采样量一般为采样瓶容量的 80% 左右。样品采集完毕后,迅速扎上无菌包装纸。

从龙头装置采集样品时,不要选用漏水龙头,采水前将龙头开至最大,放水 3～5 min,然后将龙头关闭,用火焰灼烧约 3 min 灭菌或用 70%～75% 的酒精对龙头进行消毒,开足龙头,再放水 1 min,以充分除去水管中的滞留杂质。采样时控制水流速度,小心接入瓶内。

采集地表水、废水样品及一定深度的样品时,也可使用灭菌过的专用采样装置采样。在同一采样点进行分层采样时,应自上而下进行,以免不同层次的搅扰。

如果采集的是含有活性氯的样品,需在采样瓶灭菌前加入硫代硫酸钠溶液,以除去活性氯对细菌的抑制作用(每 125 mL 容积加入 0.1 mL 硫代硫酸钠溶液)。

如果采集的是重金属离子含量较高的样品,则在采样瓶灭菌前加入乙二胺四乙酸二钠溶液,以消除干扰(每 125 mL 容积加入 0.3 mL 乙二胺四乙酸二钠溶液)。

注意,15.7 mg 硫代硫酸钠可去除样品中 1.5 mg 活性氯,硫代硫酸钠用量可根据样品实际活性氯量调整。

(二)样品保存

采样后应在 2 h 内检测,否则应于 10℃ 以下冷藏,但不得超过 6 h。实验室接样后,不能立即开展检测的,应将样品于 4℃ 以下冷藏并在 2 h 内检测。

(三)干扰和消除

活性氯具有氧化性,能破坏微生物细胞内的酶活性,导致细胞死亡,可在样品采集时加入硫代硫酸钠溶液消除干扰。

重金属离子具有细胞毒性,能破坏微生物细胞内的酶活性,导致细胞死亡,可在样品采集时加入乙二胺四乙酸二钠溶液消除干扰。

(四)空白试验

每次试验都要进行实验室空白测定,检查稀释水、玻璃器皿和其他器具的无菌性。

(五)废物处理

使用后的废物及器皿须经 121℃ 高压蒸汽灭菌 30 min 或使用液体消毒剂(自制或市售)灭菌。灭菌后,器皿方可清洗,废物作为一般废物处置。

【问题与讨论】

一、讨论题

1. 平皿计数法（GB/T 5750.12—2006）测定的细菌数量是样品中的实际菌数吗？为什么？

2. 某样品菌落总数测定时，所有稀释度平板上都无菌落生长，试分析出现此结果的原因有哪些。

二、实验题

某厂对生产用水井的水样进行菌落总数测定时，按国家标准将水样处理及培养后，培养皿上生长的菌落数量记录如下：

平皿号	稀释倍数		
	10^{-1}	10^{-2}	10^{-3}
1	291	31	3
2	279	35	0

请回答下列问题：

1. 对水样进行处理及培养条件是指什么？

2. 本次实验选择的稀释度是多少？选择依据是什么？

3. 列式计算并正确分析测定结果，形成报告。

4. 该指标（菌落总数）的常规检验依据是什么？简要写出其检验程序。

任务五　水样中总大肠菌群和粪大肠菌群的测定

知识点：1. 掌握 GB/T 5750.12—2006 和 HJ 755—2015 检测水样中总大肠菌群和粪大肠菌群的方法。

　　　　2. 掌握总大肠菌群和粪大肠菌群测定的基本原理。

　　　　3. 掌握无菌操作的方法。

技能点：1. 能正确进行乳糖蛋白胨培养基配制。

　　　　2. 能熟练进行查表计数。

　　　　3. 能准确进行数据处理。

数字资源 1-5
水样中总大肠
菌群的测定

数字资源 1-6
水样中粪大肠
菌群的测定

【任务背景】

大肠菌群分布较广,在温血动物粪便和自然界广泛存在。调查研究表明,大肠菌群多存在于温血动物粪便、人类经常活动的场所以及有粪便污染的地方,人、畜粪便对外界环境的污染是大肠菌群在自然界存在的主要原因。用大肠菌群作为水质指示菌的原因主要有:①在人粪中大量存在,因此在为人粪所污染的水体中容易被检测到;②检验方法比较简便;③对氯的抵抗力相似于致病的肠道细菌,故消灭了大肠菌群,致病肠道细菌也已消灭,水就可供饮用了。

【任务实施】

一、准备工作

所需检验项目	水样中总大肠菌群和粪大肠菌群的测定		
所需设备	恒温培养箱:允许温度(36±1)℃、(44.5±0.5)℃		天平:感量为 0.1 g 或 0.01 g
	恒温水浴锅:47℃可调		显微镜
	高压蒸汽灭菌器:115℃、121℃可调		冰箱:0~4℃
	一般实验室常用仪器和设备		
所需试剂	乳糖蛋白胨培养液		伊红美蓝培养基
	革兰氏染色液套装		无菌生理盐水
	硫代硫酸钠		乙二胺四乙酸二钠
	市售水质总大肠菌群和粪大肠菌群测试纸片		
所需玻璃器皿(规格及数量)	移液管:(1±0.01) mL、(10±0.1) mL;也可采用计量合格的可调式移液器	平皿:直径为 9 cm 试管、锥形瓶、小倒管、载玻片	量筒:(100±1) mL
所需其他备品	洗瓶		
团队分工	物品准备员: 记录员: 检验员: 监督员:		

注意,玻璃器皿及采样器具试验前要按无菌操作要求包扎,121℃高压蒸汽灭菌 20 min 备用。

二、测定要点

(一)多管发酵法(GB/T 5750.12—2006)

1.所需试剂及配制

除非另有说明,分析时均使用符合国家标准的分析纯试剂和生物试剂,实验用水应满足GB/T 6682—2008中三级水的要求。

(1)乳糖蛋白胨培养液　市售商品化培养基制品,按药品说明配制。

(2)伊红美蓝培养基　市售商品化培养基制品,按药品说明配制。

(3)革兰氏染色液　市售商品化培养基制品,按药品说明使用。

(4)无菌生理盐水　8.5‰生理盐水,经121℃高压蒸汽灭菌15 min,备用。

2.测定步骤

(1)乳糖发酵试验　取10 mL水样接种到10 mL双料乳糖蛋白胨培养液中,取1 mL水样接种到10 mL单料乳糖蛋白胨培养液中,另取1 mL水样,注入9 mL灭菌生理盐水中,混匀后吸取1 mL(即0.1 mL水样),注入10 mL单料乳糖蛋白胨培养液中,每个稀释度接种5管。

对已处理过的出厂自来水,需经常检验或每天检验一次的,可直接种5份10 mL水样双料培养基,每份接种10 mL水样。

检验水源水时,如污染较严重,应加大稀释度,可接种1,0.1,0.01 mL甚至0.1,0.01,0.001 mL,每个稀释度接种5管,每个水样共接种15管。接种1 mL以下水样时,必须做10倍递增稀释后,取1 mL接种,每递增稀释一次,换用1支1 mL灭菌刻度吸管。

将接种管置于(36±1)℃培养箱内,培养(24±2) h,如所有乳糖蛋白胨培养管都不产酸产气,则可报告为总大肠菌群阴性,如有产酸产气者,则进行分离培养。

(2)分离培养　将产酸产气的发酵管分别转种在伊红美蓝琼脂平板上,于(36±1)℃培养箱内培养18～24 h,观察菌落形态,挑取符合下列特征的菌落做革兰氏染色、镜检和证实试验。

①深紫黑色、具有金属光泽的菌落。

②紫黑色、不带或略带金属光泽的菌落。

③淡紫红色、中心较深的菌落。

(3)证实试验　经上述染色镜检为革兰氏阴性无芽孢杆菌,同时接种乳糖蛋白胨培养液,置(36±1)℃培养箱中培养(24±2) h,有产酸产气者,即证实有总大肠菌群存在。

3.结果计算及表示

根据证实为总大肠菌群阳性的管数,查最可能数(most probable number,简称MPN)检索表,报告每100 mL水样中的总大肠菌群最可能数(MPN)值。稀释样品查表后所得结果应乘稀释倍数。如所有乳糖发酵管均为阴性,则可报告总大肠菌群未检出。

4.废物处理

使用后的器皿及废弃物须经 121℃高压蒸汽灭菌 30 min 后,器皿方可清洗,废弃物作为一般废物处置。

(二)纸片快速法(HJ 755—2015)

1.试剂配制

除非另有说明,分析时均使用符合国家标准的分析纯试剂和生物试剂,实验用水应满足GB/T 6682—2008 中三级水的要求。

①市售水质总大肠菌群和粪大肠菌群测试纸片:10 mL 水样量纸片、1 mL 水样量纸片。

②无菌水:取适量实验用水,经 121℃高压蒸汽灭菌 15 min,备用。

③硫代硫酸钠溶液:$\rho(Na_2S_2O_3) = 0.10$ g/mL。

④乙二胺四乙酸二钠(Na_2EDTA)溶液:$\rho(C_{10}H_{14}N_2O_8Na_2 \cdot 2H_2O) = 0.15$ g/mL。

2.测定步骤

(1)接种水样的准备　当每张纸片接种水样量为 10 mL 或 1 mL 时,充分混匀水样备用即可;当每张纸片接种水样量小于 1 mL 时,水样应制成稀释样品后使用。接种量为 0.1、0.01 mL 时,分别制成 1:10 稀释样品、1:100 稀释样品。其他接种量的稀释样品依此类推。

1:10 稀释样品的制作方法为:吸取 1 mL 水样,注入盛有 9 mL 无菌水的试管中,混匀,制成 1:10 稀释样品。其他稀释度的稀释样品同法制作。

(2)水样接种　每个样品按 3 个 10 倍递减的不同接种量接种,每个接种量分别接种 5张纸片,共接种 15 张纸片。根据水样的污染程度确定接种量,应尽可能使 5 个接种量最大的纸片为阳性、5 个接种量最小的纸片为阴性,避免出现所有 3 个不同接种量共 15 张纸片全部为阳性或者全部为阴性。

清洁水样的参考接种量分别为 10、1、0.1 mL,受污染水样参考接种量根据污染程度可接种 1、0.1、0.01 mL 或 0.1、0.01、0.001 mL 等,见表 1-4。

表 1-4　水样接种量参考表

水样类型	接种量/mL							
	10	1	0.1	10^{-2}	10^{-3}	10^{-4}	10^{-5}	10^{-6}
湖水、水源水	▲	▲	▲					
河水			▲	▲	▲			
生活污水				▲	▲	▲		
医疗机构排放污水(处理后)		▲	▲	▲				
禽畜养殖业等排放废水						▲	▲	▲

清洁水样,接种水样总量为 55.5 mL,10 mL 水样量纸片 5 张,每张接种水样 10 mL,1 mL 水样量纸片 10 张,其中 5 张各接种水样 1 mL,另 5 张各接种 1:10 的稀释水样 1 mL。受污染水样,接种 3 个不同稀释度的 1 mL 稀释水样各 5 张。接种水样应均匀滴加在纸片上,纸片充分浸润、吸收水样,用手在聚丙烯塑膜袋外侧轻轻抚平,做好标记。

(3)培养　检测总大肠菌群时,在(37±1)℃的条件下培养 18~24 h 后观察结果;检测粪大肠菌群时,在 (44.5±0.5)℃ 的条件下培养 18~24 h 后观察结果。

注意,检测粪大肠菌群时,纸片接种后应立即放置于 (44.5±0.5)℃ 的恒温培养箱中培养,在常温下放置过久将影响检测结果的准确性。

(4)对照实验

①空白对照:用无菌水做全程序空白测定,培养后的纸片上不得有任何颜色反应,否则该次样品测定结果无效,应查明原因后重新测定。

②阳性及阴性对照:总大肠菌群测定的阳性菌株为大肠埃希氏菌(Escherichia coli),阴性菌株为金黄色葡萄球菌(Staphylococcus aureus);粪大肠菌群测定的阳性菌株为大肠埃希氏菌(Escherichia coli),阴性菌株为产气肠杆菌(Enterobacter aerogenes)。

上述标准菌株均制成浓度为 300~3 000 个/mL 的菌悬液,分别取相应水量的菌悬液接种纸片,阳性与阴性菌株各 5 张,按上述培养要求培养,大肠埃希氏菌应呈现阳性反应;金黄色葡萄球菌、产气肠杆菌应呈现阴性反应,否则,该次样品测定结果无效,应查明原因后重新测定。

(5)结果判读

①纸片上出现红斑或红晕且周围变黄,为阳性。

②纸片全片变黄,无红斑或红晕,为阳性。

③纸片部分变黄,无红斑或红晕,为阴性。

④纸片的紫色背景上出现红斑或红晕,而周围不变黄,为阴性。

⑤纸片无变化,为阴性。

3.结果计算及表示

(1)结果计算　根据不同接种量的阳性纸片数量,查 MPN 表得到 MPN 值(MPN/100 mL),按公式(1-7)换算并报告 1 L 水样中总大肠菌群或粪大肠菌群数:

$$C = 100 \times M/Q \tag{1-7}$$

式中:C 为水样总大肠菌群或粪大肠菌群浓度,MPN/L;M 为查 MPN 表得到的 MPN 值,MPN/100 mL;Q 为实际水样最大接种量,mL;100 为 10 与 10 mL 的乘积值,其中,10 将 MPN 值的单位 MPN/100 mL 转换为 MPN/L,10 mL 为 MPN 表中的最大接种量。

（2）结果表示　测定结果保留两位有效数字，大于等于 100 时以科学计数法表示，结果的单位为 MPN/L。平均值以几何平均计算。

4. 精密度和准确度

微生物检测数据为偏态分布，按统计分析要求，其检测结果全部经对数（以 10 为底）转换后进行以下分析。

（1）精密度

①6 家实验室分别对有证标准样品（15 600 MPN/L）、低浓度（4.0×10^2 MPN/L）、中浓度（1.0×10^4 MPN/L）、高浓度（8.0×10^4 MPN/L）实际样品的总大肠菌群进行了测定，实验室内的相对标准偏差范围分别为 4.5%～7.5%，3.5%～12.4%，4.5%～6.9%，2.8%～5.8%；实验室间的相对标准偏差分别为 3.3%，12.6%，4.6%，1.6%；重复性限为 0.61，0.67，0.67，0.64；再现性限为 1.09，0.81，0.66，0.69。

②6 家实验室分别对有证标准样品（12 100 MPN/L）、低浓度（1.0×10^2 MPN/L）、中浓度（4.0×10^3 MPN/L）、高浓度（5.0×10^4 MPN/L）实际样品的粪大肠菌群进行了测定，实验室内的相对标准偏差范围分别为 4.5%～11.3%，11.4%～31.3%，2.8%～21.5%，3.9%～13.2%；实验室间的相对标准偏差分别为 5.2%，14.8%，11.9%，8.2%；重复性限为 0.93，0.83，0.85，0.77；再现性限为 1.28，1.44，1.35，0.89。

（2）准确度

①6 家实验室对总大肠菌群有证标准样品（15 600 MPN/L）进行测定，实验室内相对误差的范围是 −12.8%～−5.5%，相对误差的最终值为（−8.8±6.0）%。

②6 家实验室对粪大肠菌群有证标准样品（12 100 MPN/L）进行测定，实验室内相对误差的范围是 −16.0%～−3.8%，相对误差的最终值为（−10.3±9.2）%。

5. 质量保证和质量控制

①必须使用质量鉴定合格的纸片。

②每批样品按"对照试验"进行全程序空白测定，并使用有证标准菌株进行阳性、阴性对照试验。

6. 废物处理

使用后的器皿及废弃物须经 121℃ 高压蒸汽灭菌 30 min 后，器皿方可清洗，废弃物作为一般废物处置。

三、实施记录

实施记录单

任务		检验员		时间	

一、器材准备记录

数量记录：

异常记录：

不足记录：

二、操作记录

操作中违反操作规范、可能造成污染的步骤：

操作步骤有错误的环节：

操作中器材使用情况记录（是否有浪费、破损、不足）：

三、原始数据记录

示例	不同稀释倍数的平均菌落数			两个稀释倍数 菌落数之比	菌落总数 /(CFU/mL)
	10	100	1 000		
1					
2					
3					
4					
5					
6					
7					
8					

四、成果评价

考核评分表

序号	作业项目	考核内容	分值	操作要求	考核记录	扣分	得分
一	玻璃仪器(5分)	玻璃仪器洗涤	5	正确规范			
二	培养基制备(15分)	准确称量	5	准确规范			
		灭菌消毒	5	正确规范			
		分装	5	正确规范			
三	实验过程(55分)	样品稀释	5	做出不同稀释倍数1:10			
			5	做出不同稀释倍数1:100			
			5	做出不同稀释倍数1:1 000			
		接种	5	移液管吸取充分混匀的样品			
			5	投加乳糖蛋白胨培养基			
			5	97孔定量盘使用			
		培养	5	总大肠菌群和粪大肠菌群			
		空白试验	5	用无菌水做实验室空白测定			
		阴性和阳性对照	5	阳性菌株应呈现阳性反应,阴性菌株呈现阴性反应			
		结果判读	5	颜色、性状判断			
		结果计数	5	查表计数			
四	数据处理和实训报告(20分)	准确度	0	差			
			4	一般			
			8	较好			
			10	好			
		实训报告	0	差			
			4	一般			
			8	较好			
			10	好			
五	文明操作结束工作(5分)	物品摆放整齐,仪器结束工作	5	拔仪器电源,清洗玻璃仪器。台面无杂物或水迹、废纸、废液不乱扔、乱倒,仪器结束工作完成良好			
六	总分						

【相关知识】

一、《生活饮用水标准检验方法 微生物指标》(GB/T 5750.12—2006)

(一)适用范围

本标准规定了用多管发酵法测定生活饮用水及其水源水中的总大肠菌群。本法适用于生活饮用水及其水源水中总大肠菌群的测定。

(二)专业术语

1.总大肠菌群

总大肠菌群指一群在 37℃培养 24 h 能发酵乳糖、产酸产气、需氧和兼性厌氧的革兰氏阴性无芽孢杆菌。

2.粪大肠菌群

粪大肠菌群又称耐热大肠菌群,指 44.5℃培养 24 h,能产生 β-半乳糖苷酶,分解选择性培养基中的邻硝基苯-β-D-吡喃半乳糖苷(ONPG)生成黄色的邻硝基苯酚的肠杆菌科细菌。

3.最大可能数(MPN)

最大可能数又称稀释培养计数,是一种基于泊松分布的间接计数法。利用统计学原理,根据一定体积不同稀释度样品经培养后产生的目标微生物阳性数,查表估算一定体积样品中目标微生物存在的数量(单位体积存在目标微生物的最大可能数)。

二、《水质 总大肠菌群和粪大肠菌群的测定 纸片快速法》(HJ 755—2015)

(一)适用范围

本标准规定了测定水中总大肠菌群和粪大肠菌群的纸片快速法。本标准适用于地表水、废水中总大肠菌群和粪大肠菌群的快速测定。本方法的检出限为 20 MPN/L。

(二)专业术语

1.总大肠菌群

37℃培养,24 h 内能发酵乳糖产酸产气的需氧及兼性厌氧的革兰氏阴性无芽孢杆菌。

2.粪大肠菌群

44.5℃培养,24 h 内能发酵乳糖产酸产气的需氧及兼性厌氧的革兰氏阴性无芽孢杆菌。

3.最大可能数(MPN)

微生物检验常用发酵法,又称稀释法,是一种利用统计学原理定量检测微生物浓度的方法。它根据不同稀释度一定体积样品中被检微生物存在与否的频率,查表求得样品中微生物的浓度,与直接报告菌落数的平板计数法不同,它最终报告的是样品中最有可能存在的目标微生物浓度,这个以最大可能存在的浓度,就被称为最大可能数(most probable number,缩写为 MPN)。

(三)方法原理

按 MPN 法,将一定量的水样以无菌操作的方式接种到吸附有适量指示剂(溴甲酚紫和TTC)以及乳糖等营养成分的无菌滤纸上,在特定的温度(37℃或 44.5℃)下培养 24 h,当细菌生长繁殖时,产酸使 pH 降低,溴甲酚紫指示剂由紫色变黄色,同时,产气过程相应的脱氢酶在适宜的 pH 范围内,催化底物脱氢还原 TTC 形成红色的不溶性三苯甲䏡(TTF),即可在产酸后的黄色背景下显示红色斑点(或红晕)。通过上述指示剂的颜色变化就可对是否产酸产气做出判断,从而确定是否有总大肠菌群或粪大肠菌群存在,再通过查 MPN 表就可得出相应总大肠菌群或粪大肠菌群的浓度值。

(四)注意事项

1.样品采集

与其他项目一同采样时,先单独采集微生物样品,采样瓶不得用水样洗涤,按无菌操作的要求采集水样约 200 mL 于灭菌的采样瓶中。

采集江、河、湖、库等地表水样时,可握住瓶子下部直接将带塞采样瓶插入水中,距水面 10~15 cm 处,瓶口朝水流方向,拔瓶塞,使水样灌入瓶内然后盖上瓶塞,将采样瓶从水中取出。如果没有水流,可握住瓶子水平前推。采好水样后,迅速扎上无菌包装纸。

从龙头装置采集样品时,不要选用漏水龙头,采水前将龙头打开至最大,放水 3~5 min,然后将龙头关闭,用火焰灼烧约 3 min 灭菌或用 70%~75% 的酒精对龙头进行消毒,开足龙头,再放水 1 min,以充分除去水管中的滞留杂质。采样时控制水流速度,小心接入瓶内。

采集地表水、废水样品及一定深度的样品时,也可使用灭菌过的专用采样装置采样。

在同一采样点进行分层采样时,应自上而下进行,以免不同层次的搅扰。

2.样品保存

采样后应在 2 h 内检测,否则应 10℃ 以下冷藏,但不得超过 6 h。实验室接样后,不能立即开展检测的,应将样品于 4℃ 以下冷藏并在 2 h 内检测。

3.干扰和消除

如果采集的是含有余氯或经过加氯处理的水样,需在采样瓶灭菌前加入硫代硫酸钠溶液 0.2 mL;如果采集的是重金属离子含量较高的水样,则在采样瓶灭菌前加入乙二胺四乙酸二钠(Na_2EDTA)溶液 0.6 mL,以消除干扰。加入干扰消除剂的采样瓶 121℃ 高压蒸汽灭菌 20 min,采样瓶外壁及包扎纸干燥后可用于样品采集。酸性样品,需在分析前按无菌操作要求调节样品的 pH 至 7.0~8.0。

注意,10 mg 硫代硫酸钠可保证去除水样中 1.5 mg 余氯,硫代硫酸钠用量可根据水样实际余氯量调整。

【问题与讨论】

1.粪大肠菌群的含义是什么?

2.控制粪大肠菌群指标值的意义是什么?

3.粪大肠菌群测定有几种方法?通常用哪种方法?

4.简述测定粪大肠菌群多管发酵法的操作步骤。

5.在何种情况下用 3 倍浓度的培养基接种?

6.什么叫兼性厌氧细菌?

7.在进行水质生物实验时,灭菌的意义是什么?

8.粪大肠菌群测定步骤与总大肠菌群测定步骤有什么异同之处?

9.为什么在地表水质量标准中改用粪大肠菌群指标代替总大肠菌群指标?

项目二　地下水源水质检测

【学习目标】

一、知识目标

根据地表水源水质特点,依据《生活饮用水卫生标准》(GB 5749—2006),结合处理工艺,重点掌握水中铁、锰离子,氟离子,余氯、水总硬度等指标测定的基本原理;掌握检测数据形成报告的方法。

二、能力目标

运用常规水质监测方法进行水中铁、锰离子,氟离子,总硬度指标的检测;具有检测数据分析处理能力。

三、素质目标

具有适合检测地下水源水质岗位的职业素质,树立遵纪守法,爱岗敬业,团结协作,精益求精的精神,养成爱护仪器,勤奋好学,认真负责,规范操作的习惯以及职业安全意识。

【情境描述】

> 我国有较丰富的地下水资源,其中有不少地下水资源含有过量的铁和锰,称为含铁、含锰地下水。水中含有过量的铁和锰,将给生活饮用及工业用水带来很大危害。长期饮用含锰量较高的水,可对人生理上造成一定的影响。同时,含铁、含锰量较高的水可使白色织物变黄,造成水管管道堵塞,给人们日常生活带来许多不便。地下水水质清澈,细菌较少,水质温和较稳定,但含盐量、硬度、铁离子和锰离子高于地表水。地下水含盐量一般为 100～5 000 mg/L,硬度通常为 100～500 mg/L。地下水一般宜作为饮用水和工业冷却用水的水源。

任务一 水样中铁、锰离子的测定

知识点:1.掌握铁、锰离子火焰原子吸收分光光度法
　　　　GB/T 11911—1989 测定标准。
　　　 2.熟知火焰原子吸收分光光度法基本原理。
　　　 3.掌握水样现场采集的方法。
技能点:1.能正确使用火焰原子吸收计。
　　　　2.能熟练配制标准溶液。
　　　　3.能正确进行工作曲线线性相关性分析。

数字资源 2-1
水样中铁、锰离子的测定

【任务背景】

　　铁、锰是人体不可缺少的微量元素,人体内所需要的铁、锰主要来源于食物和饮水。然而,水中含铁量过多也会造成危害。据测定,当水中含铁、锰离子的浓度超过一定限度,就会产生红褐色的沉淀物,生活中能在白色织物或用水器皿、卫生器具上留下黄斑,同时还容易使细菌繁殖、堵塞管道等。此外,饮用水铁、锰含量过多,会引起身体不适。据美国、芬兰科学家研究证明,人体中铁过多会对心脏有影响,甚至比胆固醇更危险。我国《生活饮用水卫生标准》(GB 5749—2006)规定,饮用水要求铁离子含量≤0.3 mg/L,锰离子含量≤0.1 mg/L。

【任务实施】

一、准备工作

所需检验项目	水样中铁、锰离子的测定		
所需设备	原子吸收分光光度计	铁、锰空心阴极灯	
	乙炔钢瓶或乙炔发生器	空气压缩机,应备有除水、除油、除尘装置	
所需试剂	硝酸,$\rho(HNO_3)=1.42$ g/mL,优级纯,分析纯	盐酸,$\rho(HCl)=1.19$ g/mL,优级纯	
	无水氯化钙($CaCl_2$)	光谱纯金属铁	光谱纯金属锰
所需玻璃器皿（规格及数量）	50 mL 容量瓶	1~10 mL 移液管	漏斗
	100 mL 烧杯	50 mL 量筒	玻璃珠
所需其他备品	洗瓶	定量滤纸	
团队分工	物品准备员: 记录员: 检验员: 监督员:		

注意,一般实验室仪器所用玻璃及塑料器皿使用前在硝酸溶液(1+1)中浸泡 24 h 以上,然后用水清洗干净。

二、测定要点

(一)所需试剂及配制

1. 硝酸溶液(1+1)

用分析纯硝酸配制。

2. 硝酸溶液(1+99)

用优级纯硝酸配制。

3. 盐酸溶液(1+99)

用优级纯盐酸配制。

4. 盐酸溶液(1+1)

用优级纯盐酸配制。

5. 氯化钙溶液(10 g/L)

将无水氯化钙($CaCl_2$)2.775 0 g 溶于水并稀释至 100 mL。

6. 铁标准贮备液

称取光谱纯金属铁 1.000 0 g(准确到 0.000 1 g),用 60 mL 盐酸溶液(1+1)溶解,用去离子水准确稀释至 1 000 mL。

7. 锰标准贮备液

称取 1.000 0 g 光谱纯金属锰,准确到 0.000 1 g(称前用稀硫酸洗去表面氧化物,再用去离子水洗去酸,烘干,在干燥器中冷却后,尽快称取),用 10 mL 硝酸溶液(1+1)溶解。当锰完全溶解后,用盐酸溶液(1+99)准确稀释至 1 000 mL。

8. 铁、锰混合标准操作液

分别移取铁标准贮备液 50.00 mL,锰标准贮备液 25.00 mL 于 1 000 mL 容量瓶中,用盐酸溶液(1+99)稀释至标线,摇匀。此溶液中铁离子、锰离子的浓度分别为 50.0 mg/L 和 25.0 mg/L。

(二)测定步骤

1. 器具及样品处理

①采样前,所用聚乙烯瓶先用洗涤剂洗净,再用硝酸溶液(1+1)浸泡 24 h 以上,然后用水冲洗干净。

②若仅测定可过滤态铁、锰,则样品采集后应尽快通过 0.45 μm 的滤膜过滤,并立即加纯硝酸酸化滤液,使 pH 为 1~2。

③测定铁、锰离子总量时,采集样品后立即按上述的要求酸化。

2.试料

测定铁、锰离子总量时,样品通常需要消解。混匀后分取适量实验室样品于烧杯中。每100 mL 水样加 5 mL 纯硝酸,置于电热板上在近沸状态下将样品蒸至近干,冷却后再加入优级纯硝酸重复 1.步骤 1 次。必要时再加入优级纯硝酸或高氯酸,直至消解完全,应蒸至近干,加盐酸溶液(1＋99)溶解残渣,若有沉淀,用定量滤纸滤入 50 mL 容量瓶中,加氯化钙溶液 1 mL,以盐酸溶液(1＋99)稀释至标线。

3.空白实验

用水代替试料做空白实验。采用相同的步骤,且与采样和测定中所用的试剂用量相同。在测定样品的同时,测定空白。

4.干扰

①影响铁、锰原子吸收法准确度的主要干扰是化学干扰,当硅的浓度大于 20 mg/L 时,对铁的测定产生负干扰;当硅的浓度大于 50 mg/L 时,对锰的测定也出现负干扰,这些干扰的程度随着硅的浓度增加而增加。当试样中存在 200 mg/L 氯化钙时,上述干扰可以消除。一般来说,铁、锰的火焰原子吸收法的基体干扰不严重,由分子吸收或光散射造成的背景吸收也可忽略,但遇到高矿化度水样,有背景吸收时,应采用背景校正措施,或将水样适当稀释后再测定。

②铁、锰的光谱线较复杂,为克服光谱干扰,应选择小的光谱通带。

5.校准曲线的绘制

分别取铁、锰混合标准操作液于 50 mL 容量瓶中,用盐酸溶液(1＋99)稀释至标线,摇匀。至少应配制 5 个标准溶液,且待测元素的浓度应落在这一标准系列范围内。根据仪器说明书选择最佳参数,用盐酸溶液(1＋99)调零后,在选定的条件下测量其相应的吸光度,绘制校准曲线。在测量过程中,要定期检查校准曲线。

6.测量

在测量标准系列溶液的同时,测量样品溶液及空白溶液的吸光度。由样品溶液吸光度减去空白溶液吸光度,从校准曲线上求得样品溶液中铁、锰离子的含量。测量可过滤态铁、锰离子时,用酸化的试样直接喷入进行测量。测量铁、锰离子总量时,用配制好的试料进行测量。

(三)结果计算及表示

实验室样品中的铁、锰离子浓度 c(mg/L),按公式(2-1)计算。

$$c = m/V \tag{2-1}$$

式中:c 为实验室样品中铁、锰离子浓度,mg/L;m 为试料中的铁、锰含量,μg;V 为水样的体积,mL。

三、实施记录

实施记录单

任务		检验员		时间	

一、器材准备记录

数量记录：

异常记录：

不足记录：

二、操作记录

操作中违反操作规范、可能造成污染的步骤：

操作步骤有错误的环节：

操作中器材使用情况记录（是否有浪费、破损、不足）：

三、原始数据记录

移取标液体积/mL	0.00	0.10	0.20	0.40	1.00	2.00
Fe 的量/μg	0.000	5.000	10.000	20.000	50.000	100.000
Mn 的量/μg	0.000	2.500	5.000	10.000	25.000	50.000
吸光度（A）						

工作标准曲线绘制：

标准曲线回归方程：_____

相关系数 R^2：_____

四、成果评价

考核评分表

序号	作业项目	考核内容	分值	操作要求	考核记录	扣分	得分
一	标样及试样制备（15分）	标准系列溶液的配制	7	移液管、容量瓶使用规范			
		取样	3	取样正确			
		试样的处理及试液的配制	5	试样处理规范，试剂加入顺序正确			
二	开机操作（10分）	检查气路	2	气路连接正确，气路检漏			
		选择及安装空心阴极灯	2	选择及安装正确			
		开机顺序	2	按照正规的开机顺序			
		仪器自检，光源对光、调节燃烧器	2	调节仪器参数至最佳测量状态			
		预热元素灯	2	预热 30 min			
三	点火操作（15分）	检查废液排放管安装并有水封	5	进行检查并会装水封			
		打开空气压缩机将输出压调至 0.3 MPa	3	开空气压缩机顺序正确			
		开乙炔钢瓶总阀，调其输出压力为 0.05 MPa	3	打开减压阀正确			
		调乙炔空气流量、点火	4	燃助比为 1∶4 左右			
四	测量操作（15分）	输入标准曲线设置程序	4	输入正确			
		吸喷空白溶液调零	3	用"调零"调节			
		测量标准系列溶液	3	由低浓度到高浓度			
		读数	3	稳定后按"读数"键			
		测量试样溶液	2	仪器回零后再测定			
五	关机操作（10分）	关闭灯电源开关、总电源开关	4	先关灯电源开关，再关闭总电源开关			
		测完后继续吸喷去离子水	2	吸喷 5 min 去离子水			
		关闭气路顺序	4	先关乙炔后，关空压机			
六	数据处理（30分）	工作曲线的绘制及线性	10	$R^2 < 0.99$ 差，$0.99 \leqslant R^2 < 0.999$ 一般，$0.999 \leqslant R^2 < 0.9995$ 较好，$R^2 \geqslant 0.9995$ 好			
		计算公式	5	公式运用正确			
		计算结果及评价	15	结果及表示准确，记录完整规范			

续表

序号	作业项目	考核内容	分值	操作要求	考核记录	扣分	得分
七	实验结束（5分）	整理实验台面	2	实验后试剂、仪器放回原处			
		清理物品	3	废液、纸屑不乱扔、乱倒			
八	总分						

【相关知识】

一、适用范围

本标准适用于地面水、地下水及工业废水中铁、锰离子的测定。铁、锰离子的检测限分别是 0.03 mg/L 和 0.01 mg/L，校准曲线的浓度范围分别为 0.1～5 mg/L 和 0.05～3 mg/L。

二、实验原理

将样品或消解处理过的样品直接吸入火焰中，铁、锰的化合物易于原子化，可分别于 248.3 nm 和 279.5 nm 处测量铁、锰基态原子对其空心阴极灯特征辐射的吸收。在一定条件下，根据吸光度与待测样品中金属浓度成正比进行检测。

三、火焰原子吸收法

原子吸收法是一种广泛使用的测定元素的方法，是基于在蒸气状态下对待测元素基态原子共振辐射吸收进行定量分析的方法。为了能够测定吸收值，试样需要转变为一种在合适介质中存在的自由原子，而化学火焰是产生基态原子的方便方法。

待测试样溶解后以气溶胶的形式引入火焰中，产生的基态原子吸收适当光源发出的辐射后被测定。原子吸收光谱中一般采用空心阴极灯这种锐线光源。火焰原子吸收法快速、选择性好，灵敏度高且有着较好的精密度。

然而，在原子光谱中，不同类型的干扰将严重影响本测定方法的准确性。干扰一般分为 3 种：物理干扰、化学干扰和光谱干扰。物理干扰和化学干扰可改变火焰中原子的数量，而光谱干扰则影响原子吸收信号的准确性。干扰可以通过选择适当的实验条件和对试样进行适当处理来减少或消除。所以，本法应从火焰温度和组成两方面慎重选择。

【问题与讨论】

1.简述原子吸收光谱分析的基本原理。

2.简述原子吸收光度计的结构及作用。

3.在原子吸收分光光度法中，为什么常常选择共振吸收线作为分析线？

任务二 水样中氟离子的测定

知识点:1.掌握水质氟离子分光光度法 HJ 488—2009 测定标准。
2.掌握水质氟离子分光光度法基本原理。
3.掌握水样现场采集的方法。
技能点:1.能正确进行水样中水质氟离子的测定。
2.能熟练配制标准溶液。
3.能正确进行工作曲线线性相关性分析。

数字资源 2-2
水样中氟离子的测定

【任务背景】

氟(F^-)是人体必需的微量元素之一。人体含氟的数量受环境(特别是水环境)和食物含氟量、摄入量、年龄及其他金属(Al、Ca、Mg)含量的影响。一般认为,正常成年人体内共含氟 2.6 g,为体内微量元素的第三位,仅次于硅和铁。氟对牙齿及骨骼的形成和结构以及钙和磷的代谢也均有重要影响。适量的氟(0.5~1 mg/L)能被牙釉质中的氟磷灰石吸附,形成坚硬质密的氟磷灰石表面保护层,从而能抗酸腐蚀,抑制嗜酸细菌的活性,并拮抗某些酶对牙齿的不利影响,发挥防龋作用。适量的氟还有利于钙和磷的利用及其在骨骼中的沉积,加速骨骼的形成,增加骨骼硬度。缺氟易患龋齿病。饮水中含氟浓度为 0.5~1.0 mg/L。当长期饮用含氟量高于 1.0~1.5 mg/L 的水时,易患斑齿病;如水中含氟量高于 4.0 mg/L,则可导致氟骨病。

【任务实施】

一、准备工作

所需检验项目	水样中氟离子的测定		
所需设备	722 分光光度计	光程 30 mm 或 10 mm 的比色皿	
	pH 计		
所需试剂	盐酸	氢氧化钠	硝酸镧
	丙酮	硫酸	优级纯氟化钠
所需玻璃器皿 (规格及数量)	6 个 25.0 mL 容量瓶		
所需其他备品			
团队分工	物品准备员: 记录员: 检验员: 监督员:		

二、测定要点

(一)所需试剂及配制

本标准所用试剂除非另有说明,分析时均使用符合国家标准的分析纯试剂,实验用水为新制备的去离子水或无氟蒸馏水。

1. 盐酸溶液

$c(HCl)=1$ mol/L。取 8.4 mL 盐酸溶于 100 mL 去离子水中。

2. 氢氧化钠溶液

$c(NaOH)=1$ mol/L。称取 4 g 氢氧化钠溶于 100 mL 去离子水中。

3. 丙酮(CH_3COCH_3)

分析纯。

4. 硫酸溶液

$\rho(H_2SO_4)=1.84$ g/mL。取 300 mL 硫酸放入 500 mL 烧杯中,置电热板上微沸 1 h,冷却后装入瓶中备用。

5. 冰乙酸(CH_3COOH)

分析纯。

6. 氟化钠标准贮备液

称取已于 105 ℃ 烘干 2 h 的优级纯氟化钠(NaF)0.221 0 g 溶于去离子水中,移入 1 000 mL 容量瓶中,稀释至标线,混匀,贮于聚乙烯瓶中备用,此溶液每毫升含氟 100 μg。

7. 氟化物标准使用液

吸取氟化钠标准贮备液 20.00 mL,移入 1 000 mL 容量瓶,用去离子水稀释至标线,贮于聚乙烯瓶中,此溶液每毫升含氟 2.00 μg。

8. 氟试剂溶液

$c=0.001$ mol/L。称取 0.193 g 氟试剂[3-甲基胺-茜素-二乙酸,简称 ALC,$C_{14}H_7O_4$ · $CH_2N(CH_2COOH)_2$],加 5 mL 去离子水湿润,滴加 1 mol/L 的氢氧化钠溶液使其溶解,再加 0.125 g 乙酸钠($CH_3COONa·3H_2O$),用 1 mol/L 的盐酸溶液调节 pH 至 5.0,用去离子水稀释至 500 mL,贮于棕色瓶中。

9. 硝酸镧溶液

$c=0.001$ mol/L。称取 0.443 g 硝酸镧[$La(NO_3)_3·6H_2O$],用少量 1 mol/L 的盐酸溶液溶解,以 1 mol/L 乙酸钠溶液调节 pH 为 4.1,用去离子水稀释至 1 000 mL。

10. 缓冲溶液

pH=4.1。称取 35 g 无水乙酸钠(CH_3COONa)溶于 800 mL 去离子水中,加 75 mL 冰乙酸(CH_3COOH),用去离子水稀释至 1 000 mL,用乙酸或氢氧化钠溶液在 pH 计上调节 pH 为 4.1。

11. 混合显色剂

取氟试剂溶液、缓冲溶液、丙酮及硝酸镧溶液,按体积比 3:1:3:3 混合即得。临用时配制。

(二)测定步骤

1. 绘制校准曲线

于 6 个 25.0 mL 容量瓶中分别加入氟化物标准使用液 0.00、1.00、2.00、4.00、6.00、

8.00 mL,加去离子水至 10 mL,准确加入 10.0 mL 混合显色剂,用去离子水稀释至刻度,摇匀,放置 30 min。用 30 mm 或 10 mm 比色皿于 620 nm 波长处,以纯水为参比,测定吸光度。扣除试剂空白(零浓度)吸光度,以氟化物含量对吸光度做图,即得校准曲线。

2. 测定

准确吸取 1.00~10.00 mL 试样(视水中氟化物含量而定)置于 25.0 mL 容量瓶中,加去离子水至 10 mL,准确加入 10.0 mL 混合显色剂,用去离子水稀释至刻度,摇匀。此后步骤同绘制校准曲线步骤。经空白校正后,由吸光度值在校准曲线上查得氟化物(以 F⁻ 计)含量。

3. 空白试验

用水代替试样,按测定样品步骤进行测定。

(三)结果计算及表示

试样中氟化物(以 F⁻ 计)质量浓度按公式(2-2)计算:

$$\rho = \frac{m}{V} \tag{2-2}$$

式中:ρ 为试样中氟化物的质量浓度,mg/L;m 为校准曲线查得的试样含氟量,μg;V 为分析时取试样体积,mL。

计算结果精确到小数点后 2 位。

(四)蒸馏装置

对于酸碱性较强的水样,在测定前应用 1 mol/L 氢氧化钠溶液或 1 mol/L 盐酸溶液调至中性后再进行测定。

取 20 mL 试样置于 500 mL 三口烧瓶中,在不断摇动下徐徐加入 20 mL 浓度为 1.84 g/mL 的硫酸混匀。按图 2-1 连接好装置,升温,至温度达 145℃时导入水蒸气。以每分钟 6~7 mL 馏出速度收集蒸馏液至 200 mL,留待显色用。

注意,蒸馏温度应严格控制在(145±5)℃,否则硫酸将被蒸出,影响测定结果。

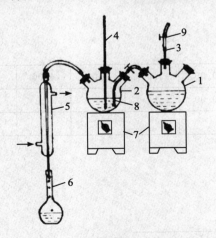

图 2-1 蒸馏装置图

1.1 000 mL 三口烧瓶;2.500 mL 三口烧瓶;3.安全管;4.250℃温度计;
5.冷凝管;6.接收瓶;7.万能电炉;8.水蒸气导管;9.止水螺栓

(五)精密度和准确度

3 个实验室分析含氟化物 0.5 mg/L 的统一分发标准溶液,实验室内相对标准偏差为 1.2%,实验室间相对标准偏差为 1.2%,相对误差为 -0.8%。

三、实施记录

实施记录单

任务				检验员		时间	

一、器材准备记录

数量记录:

异常记录:

不足记录:

二、操作记录

操作中违反操作规范、可能造成污染的步骤:

操作步骤有错误的环节:

操作中器材使用情况记录(是否有浪费、破损、不足):

三、原始数据记录

移取标液体积/mL	0.00	1.00	2.00	4.00	6.00	8.00	10.0
氟质量浓度/(mg/L)	0.00						
吸光度(A)							

工作标准曲线绘制:

线性方程:_____

工作曲线线性:_____

四、成果评价

考核评分表

序号	作业项目	考核内容	分值	操作要求	考核记录	扣分	得分
一	仪器调校（10分）	仪器预热	5	已预热			
		波长正确性、吸收池配套性检查	5	正确			
二	溶液配制（15分）	比色管使用	5	正确规范（洗涤、试漏、定容）			
		移液管使用	5	正确规范（润洗、吸放、调刻度）			
		显色时间控制	5	正确			
三	仪器使用（30分）	比色皿使用	5	正确规范			
		调"0"和"100"操作	5	正确规范			
		波长选择	5	正确			
		测量由稀到浓	5	顺序正确			
		参比溶液的选择和位置	5	正确			
		读数	5	及时、准确			
四	数据处理和实训报告（40分）	工作曲线绘制，报告	15	合格			
		准确度	15	正确、完整、规范、及时			
		工作曲线线性	0	<0.99　　　　　差			
			4	0.99～0.999　　一般			
			8	0.999 1～0.999 9　较好			
			10	＞0.999 9　　　好			
五	文明操作结束工作（5分）	物品摆放整齐，仪器结束工作	5	仪器拔电源，盖防尘罩；比色皿清洗，倒置控干。台面无杂物或水迹，废纸、废液不乱扔、乱倒，仪器结束工作完成良好			
六	总分						

【相关知识】

一、适用范围

本标准规定了测定地表水、地下水和工业废水中氟化物（以 F⁻ 计）的氟试剂分光光度法。本标准适用于地表水、地下水和工业废水中氟化物（以 F⁻ 计）的测定。本方法的检出限为 0.02 mg/L，测定下限为 0.08 mg/L。

二、方法原理

氟离子在 pH 为 4.1 的乙酸盐缓冲介质中与氟试剂及硝酸镧反应生成蓝色三元络合物，络合物在 620 nm 波长处的吸光度与氟离子浓度成正比，定量测定氟化物（以 F⁻ 计）。

三、干扰及消除

在含 5 μg 氟化物（以 F⁻ 计）的 25 mL 显色液中，存在下述离子超过下列含量时，对测定有干扰，应先进行预蒸馏：Cl^- 30 mg；SO_4^{2-} 5.0 mg；NO_3^- 3.0 mg；$B_4O_7^{2-}$ 2.0 mg；Mg^{2+} 2.0 mg；NH_4^+ 1.0 mg；Ca^{2+} 0.5 mg。

四、采集与保存

测定氟化物（以 F⁻ 计）的水样，应用聚乙烯瓶收集和贮存。

五、试样的制备

除非证明试样的预处理是不必要的，可直接制备试样进行比色，否则应按图 2-1 进行预蒸馏处理。

【问题与讨论】

1. 举出两种测定水中氟化物的方法，并说明其测量浓度范围。
2. 哪些行业工业废水中常含有氟化物？请至少说出 5 个行业。
3. 用分光光度法测定水中氟化物时，常用的预蒸馏方法有几种？试比较之。
4. 蒸馏操作是实验室的常规操作之一，为了防止蒸馏过程中发生暴沸，应该如何操作？
5. 简述氟试剂分光光度法测定水中氟化物的方法原理。
6. 氟试剂分光光度法测定水中氟化物时，影响显色的主要因素是什么？

任务三 水样总硬度的测定

知识点:1.掌握水质总硬度 GB/T 5750.4—2006 测定标准。
　　　　2.掌握配位滴定法测定水中钙、镁含量的原理和方法。
　　　　3.掌握铬黑 T 及钙指示剂的使用条件。
技能点:1.能正确使用滴定管。
　　　　2.能熟练配制标准溶液。
　　　　3.能正确辨别终点变化。

数字资源 2-3
水样总硬度的测定

【任务背景】

硬度是水质监测中的一项重要指标,它主要是由许多溶解于水中的多价阳离子构成,其中最主要的物质是钙和镁,其余为钡、铝、锶、铁、锰等多价阳离子,所以有时候也将硬度称为钙、镁硬度,将含有较多钙、镁盐类的水称为硬水。水的硬度是将水中 Ca^{2+}、Mg^{2+} 的总量折合成 CaO 或 $CaCO_3$ 来计算的。

水的硬度对于人们的日常生活,身体健康及工农业生产等都有非常重要的影响,人们如果长期饮用较高硬度的水,可导致肾结石以及腹胀、腹泻等肠胃疾病的发生,衣物在硬水中是不易洗涤干净的,锅炉传热中的硬水会使锅炉结垢,不仅影响锅炉传热,而且将引起锅炉的爆炸。

我国《生活饮用水卫生标准》中,以碳酸钙计,总硬度标准限值为 450 mg/L。

【任务实施】

一、准备工作

所需检验项目	水样总硬度的测定		
所需设备	铁架台		
所需试剂	乙二胺四乙酸二钠	铬黑 T	氯化铵
	盐酸羟胺	硫化钠	氰化钾
所需玻璃器皿 (规格及数量)	25 mL 酸式滴定管	50 mL 移液管	25 mL 移液管
	150 mL 锥形瓶	100 mL 容量瓶	250 mL 容量瓶
所需其他备品			
团队分工	物品准备员: 记录员: 检验员: 监督员:		

二、测定要点

(一)所需试剂及配制

1.缓冲溶液(pH＝10)

①称取 16.9 g 氯化铵,溶于 143 mL 氨水($\rho20＝0.88$ g/mL)中,制成氯化铵-氢氧化铵溶液,此为①溶液。

②称取 0.780 g 硫酸镁 $MgSO_4 \cdot 7H_2O$ 及 1.178 g $Na_2EDTA \cdot 2H_2O$,溶于 50 mL 纯水中,加入 2 mL①溶液和 5 滴铬黑 T 指示剂(此时溶液应呈紫红色。若为纯蓝色,应再加入极少量硫酸镁使呈紫红色),用 Na_2EDTA 标准溶液滴定至溶液由紫红色变为纯蓝色。此为②溶液。

③合并①及②溶液,并用纯水稀释至 250 mL。合并后如溶液又变为紫红色,则在计算结果时应扣除试剂空白。

配制缓冲溶液时,应注意以下几点。

①此缓冲溶液应储存于聚乙烯瓶或硬质玻璃瓶中。由于使用中反复开盖会使氨逸失而影响 pH,故缓冲溶液放置时间较长、氨水浓度降低时,应重新配制。

②配制缓冲溶液时加入 MgEDTA 是为了使某些含镁较低的水样滴定终点更为敏锐。如果备有市售 MgEDTA 试剂,则可直接称取 1.25 g MgEDTA,加入 250 mL 缓冲溶液中。

③以铬黑 T 为指示剂,用 Na_2EDTA 滴定钙、镁离子时,在 pH 9.7～11 的范围内,溶液愈偏碱性,滴定终点愈敏锐,但同时可使碳酸钙和氢氧化镁沉淀,从而造成滴定误差,因此滴定 pH 以 10 为宜。

2.硫化钠溶液(50 g/L)

称取 5.0 g 硫化钠($Na_2S \cdot 9H_2O$)溶于纯水中,并稀释至 100 mL。

3.盐酸羟胺溶液(10 g/L)

称取 1.0 g 盐酸羟胺($NH_2OH \cdot HCl$),溶于纯水中,并稀释至 100 mL。

4.氰化钾溶液(100 g/L)

称取 10.0 g 氰化钾(KCN)溶于纯水中,并稀释至 100 mL。

注意:此溶液剧毒!

5.Na_2EDTA 标准溶液$[c(Na_2EDTA) ＝ 0.01$ mol/L$]$

称取 3.72 g 乙二胺四乙酸二钠($Na_2C_{10}H_{14}N_2O_8 \cdot 2H_2O$)溶解于 1 000 mL 纯水中,并按以下步骤标定其准确浓度。

①配制锌标准溶液:称取 0.6～0.7 g 纯锌粒,溶于盐酸溶液(1+1)中,置于水浴上温热至完全溶解,移入容量瓶中,定容至 1 000 mL,并按公式(2-3)计算锌标准溶液的浓度。

$$c(Zn) = \frac{m}{65.39} \tag{2-3}$$

式中:$c(Zn)$为锌标准溶液的浓度,mol/L;m为锌的质量,g;65.39为1 mol锌的质量,g。

②吸取25.00 mL锌标准溶液于150 mL锥形瓶中,加入25 mL纯水,加入几滴氨水调节溶液至近中性,再加5 mL缓冲溶液和5滴铬黑T指示剂,在不断振荡下,用Na_2EDTA溶液滴定至不变的纯蓝色,按公式(2-4)计算Na_2EDTA标准溶液的浓度。

$$c(Na_2EDTA) = \frac{c(Zn) \times V_2}{V_1} \tag{2-4}$$

式中:$c(Na_2EDTA)$为Na_2EDTA标准溶液的浓度,mol/L;$c(Zn)$为锌标准溶液的浓度,mol/L;V_1为消耗Na_2EDTA溶液的体积,mL;V_2为所取锌标准溶液的体积,mL。

(二)测定步骤

①吸取50.0 mL水样(硬度过高的水样,可取适量水样,用纯水稀至50 mL;硬度过低的水样,可取100 mL),置于150 mL锥形瓶中。

②加入1~2 mL缓冲溶液,5滴铬黑T指示剂,立即用Na_2EDTA标准溶液滴定至溶液从紫红色转变成纯蓝色为止,同时做空白试验,记下用量。

③若水样中含有金属干扰离子,使滴定终点延迟或颜色变暗,可另取水样,加入0.5 mL盐酸羟胺及1 mL硫化钠溶液或0.5 mL氰化钾溶液再行滴定。

④水样中钙、镁的重碳酸盐含量较大时,要预先酸化水样并加热除去二氧化碳,以防碱化后生成碳酸盐沉淀,影响滴定时反应的进行。

⑤水样中含悬浮性或胶体有机物可影响终点的观察。可预先将水样蒸干并于550℃灰化,用纯水溶解残渣后再行滴定。

(三)结果计算及表示

水样总硬度(以$CaCO_3$计)用公式(2-5)计算。

$$\rho(CaCO_3) = \frac{(V_1 - V_0) \times c \times 100.09 \times 1\,000}{V} \tag{2-5}$$

式中:$\rho(CaCO_3)$为水样总硬度(以$CaCO_3$计),mg/L;V_0为空白滴定所消耗Na_2EDTA标准溶液的体积,mL;V_1为滴定中消耗乙二胺四乙酸二钠标准溶液的体积,mL;c为乙二胺四乙酸二钠标准溶液的浓度,mol/L;V为水样体积,mL;100.09为与1.00 mL乙二胺四乙酸二钠标准溶液[$c(Na_2EDTA) = 1.000$ mol/L]相当的以毫克表示的总硬度(以$CaCO_3$计),mg/L。

三、实施记录

实施记录单

任务		检验员		时间	

一、器材准备记录

数量记录：

异常记录：

不足记录：

二、操作记录

操作中违反操作规范、可能造成污染的步骤：

操作步骤有错误的环节：

操作中器材使用情况记录（是否有浪费、破损、不足）：

三、原始数据记录

序号	1	2	3
自来水体积(V)/mL			
pH			
铬黑 T 终点 EDTA 的用量(V_1)/mL			
平均体积/mL			
总硬度/(mg/L)			

四、成果评价

考核评分表

序号	作业项目	考核内容	分值	操作要求	考核记录	扣分	得分
一	水浴锅加热（5分）	注水加热	5	正确规范			
二	溶液配制（15分）	准确称量药剂	5	准确规范			
		移液管使用	5	正确规范（润洗、吸放、调刻度）			
		容量瓶使用	5	正确规范（洗涤、试漏、定容）			
三	滴定管使用（45分）	两检	5	一是检查滴定管是否破损			
			5	二是检查滴定管是否漏水，如是酸式滴定管还要检查玻璃塞旋转是否灵活			
		三洗	5	当没有明显污染时，可以直接用自来水冲洗			
			5	用蒸馏水淌洗2～3次，每次用5～10 mL蒸馏水			
			5	用欲装入的标准溶液最后淌洗2～3次，每次用5～10 mL溶液			
		标准溶液的装入	5	标准溶液摇匀，一定要用试剂瓶直接装入			
		排气	5	快速排液，以排除滴定管下端的气泡			
		滴定	5	左手控制活塞，右手持锥形瓶，使瓶底向同一方向做圆周运动			
		读数	5	及时、准确，终点一滴变色			
四	数据处理和实训报告（30分）	准确度	15	合格			
		实训报告	15	正确、完整、规范、及时			
五	文明操作结束工作（5分）	物品摆放整齐，仪器结束工作	5	玻璃仪器洗涤干净，倒置控干；台面无杂物或水迹，废纸、废液不乱扔、乱倒，仪器结束工作完成良好			
六	总分						

【相关知识】

一、范围

本标准适用于天然水、冷却水、软化水、H 型阳离子交换器出水、锅炉给水水样硬度的测定。

使用铬黑 T 作为指示剂时,硬度测定范围为 0.1～5 mmol/L,硬度超过 5 mmol/L 时,可适当减少取样体积,稀释到 100 mL 后测定。使用酸性络蓝 K 作为指示剂时,硬度测定范围为 1～100 μmol/L。

二、实验原理

1. 总硬度、钙硬度、镁硬度的概念及表示方法

水的硬度主要是指水中含可溶性的钙盐和镁盐。

总硬度通常以每升水中含的碳酸钙的质量表示,单位为 mg/L。

钙硬度即每升水中含的钙离子的质量,单位为 mg/L。

镁硬度即每升水中含的镁离子的质量,单位为 mg/L。

2. 总硬度的测定条件与原理

测定条件:以 NH_3-NH_4Cl 缓冲溶液控制溶液 pH＝10,以铬黑 T 为指示剂,用 EDTA 滴定水样。

原理:滴定前水样中的钙离子和镁离子与加入的铬黑 T 指示剂络合,溶液呈现紫红色,随着 EDTA 的滴入,配合物中的金属离子逐渐被 EDTA 夺出,释放出指示剂,使溶液颜色逐渐变蓝,至纯蓝色为终点,由滴定所用的 EDTA 的体积即可换算出水样的总硬度。

3. 钙硬度的测定条件与原理

测定条件:用 NaOH 溶液调节待测水样的 pH 为 13,并加入钙指示剂,然后用 EDTA 滴定。

原理:调节溶液呈强碱性以掩蔽镁离子,使镁离子生成氢氧化物沉淀,然后加入指示剂,用 EDTA 滴定其中的钙离子,至紫红色变为纯蓝色即为终点,由滴定所用的 EDTA 的体积即可算出水样中钙离子的含量,从而求出钙硬度。

注意:①原水中钙、镁离子含量的测定不用加硫酸及过硫酸钾加热煮沸;②三乙醇胺用于消除铁、铝离子对测定的干扰,原水中钙、镁离子测定不加入;③过硫酸钾用于氧化有机磷系药剂以消除对测定的干扰。

【课后习题】

1. 简述用 EDTA 滴定法测定水中总硬度操作时,主要注意哪些问题?

2. 用 EDTA 滴定法测定钙和镁总量时,如何进行采样和样品保存?

3. 硬度的表示方法有几种? 各是什么?

4. 什么叫缓冲溶液?

模块三
饮用水处理技术

一、知识目标

通过对饮用水常规处理工艺学习,学生能够熟练掌握地表水源和地下水源等水处理工艺基本工作原理和影响各工艺处理效果因素的调控方法。结合模拟水质处理,得到最佳反应条件,形成水质综合处理报告。

二、设计原则

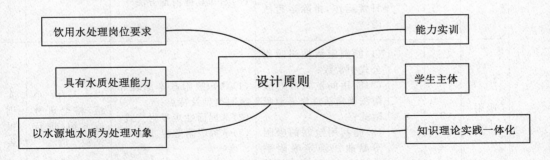

在课程教学中加强思政教育进课堂,注重培养吃苦耐劳、认真踏实的工作作风。在理论实践教学中以学生为主体,重点打造学生职业核心能力,培养学生自学能力,信息处理能力,外语应用能力,学生与人合作、交流能力,综合解决问题能力。

三、教学法实施

在教学过程中,依据饮用水处理厂真实场景,明确水质处理岗位任务;制订方案;小组间自主协作,认真开展实验;教师在教学过程中点拨引导,注重过程检查;最后学生展示成果;通过评估检测总结经验等,激发学生学习专业课程兴趣,拓展水质处理技术职业能力。

四、课程设计

项目	任务	学时 理论	学时 实践	拟达到的能力目标	相关知识和技能	训练方式手段	结果
地表水源水质处理工艺	混凝工艺	2	2	(1)具有运行混凝工艺设施能力; (2)确定混凝剂种类; (3)确实反应条件	(1)混凝原理和影响因素; (2)六联搅拌器使用方法; (3)混凝剂性质; (4)浊度测定	以4人为一小组,将全班分成6组,进行试验	实训报告
	沉淀工艺	2	2	(1)能针对水质特点选择不同类型沉淀池; (2)能正确进行沉淀池日常运作,排除运行故障	(1)沉淀基本原理和各沉淀阶段特点; (2)掌握沉淀池类型,不同沉淀池应用范围	以4人为一小组,将全班分成6组,进行试验	实训报告
	过滤工艺	2	2	(1)能进行反冲洗滤层时水头损失计算; (2)能正确进行日常运作,排除运行故障	(1)过滤基本原理和过滤池的构造; (2)过滤池运行基本参数; (3)掌握过滤日常运行的规则	以4人为一小组,将全班分成6组,进行试验	实训报告
	消毒工艺	2	2	(1)能通过折点加氯试验绘制需氯曲线,计算加氯量、需氯量; (2)能针对水质特点选择不同类型消毒方法; (3)能正确进行消毒池日常运作,排除运行故障	(1)掌握消毒基本原理,主要影响因素; (2)掌握折点加氯各阶段特点,分析余氯成分构成; (3)熟知其他消毒方法	以4人为一小组,将全班分成6组,进行试验	实训报告
	吸附工艺	2	2	(1)能确定活性炭吸附公式中常数; (2)能用间歇式静态吸附法确定活性炭等温吸附式; (3)能利用绘制的吸附等温曲线确定吸附系数:K、$1/n$,K 为直线的截距,$1/n$ 为直线斜率	(1)熟知吸附基本原理和吸附类型及特点; (2)掌握活性炭吸附公式; (3)掌握吸附等温曲线	以4人为一小组,将全班分成6组,进行试验	实训报告
地下水源水质处理工艺	除铁、除锰工艺	2	2	(1)能熟练地操作除铁装置; (2)能分析除铁、除锰离子设施故障; (3)正确进行除铁、锰离子处理效果分析	(1)熟知除铁、除锰基本原理和原则; (2)熟知铁、锰离子的危害; (3)掌握去除铁、锰离子的注意事项	以4人为一小组,将全班分成6组,进行试验	实训报告

续表

| 项目 | 任务 | 学时 | | 拟达到的能力目标 | 相关知识和技能 | 训练方式手段 | 结果 |
		理论	实践				
地下水源水质处理工艺	除氟工艺	2	2	(1)能熟练地操作除氟装置； (2)能分析除氟离子设施故障； (3)正确进行除氟处理效果分析	(1)熟知除氟离子基本原理和原则； (2)掌握水中氟离子的危害； (3)掌握去除氟离子的注意事项	以4人为一小组，将全班分成6组，进行试验	实训报告
	硬水软化工艺	2	2	(1)能正确使用离子交换树脂； (2)能有效排除离子交换树脂故障； (3)能进行离子交换树脂再生	(1)熟知离子交换基本原理和原则； (2)掌握硬水软化的方法； (3)熟悉顺流再生固定床运行操作过程	以4人为一小组，将全班分成6组，进行试验	实训报告
	纯净水工艺	2	2	(1)能进行反渗透膜分离的操作； (2)能测定反渗透膜分离的主要工艺参数； (3)能进行工艺设备故障分析和解决障碍	(1)熟知反渗透基本原理和原则； (2)掌握反渗透法制备超纯水的工艺流程； (3)掌握反渗透膜基本性质	以4人为一小组，将全班分成6组，进行试验	实训报告

五、课程考核

考核评定方式	评定内容	分值	得分
自评	学习态度及表现	10	
	对该模块基本知识和技能情况	10	
	成果计算质量	10	
学生互评	学习态度及表现	5	
	对该模块基本知识和技能情况	5	
	成果计算质量	10	
教师评定	学习态度及表现	20	
	成果情况	30	

项目三 地表水源水质处理工艺

【学习目标】

一、知识目标

结合地表水质基本特点,掌握混凝+沉淀+过滤+消毒+吸附常规处理原理;掌握各处理工段工效分析方法;掌握形成水质处理报告的方法;掌握混凝设施运转方法和故障分析及解决办法。

二、能力目标

能运用常规水质处理方法进行水质净化;具有通过检测水质数据来分析处理工段工效的能力;具有故障分析和解决问题的能力。

三、素质目标

培养学生良好的实验设备操作技能和基础扎实、作风踏实、动手能力强的科研素质,培养学生严谨的科学实验态度和作风。

【情境描述】

随着社会、经济的发展,人们对于饮用水水质的关注和需求日益增加。生活饮用水指供应人们生活的饮水和生活用水,一般指出厂水、管网水、二次供水、末梢水、自备供水、管道直饮水、桶装水等。生活饮用水主要通过饮水和食物经口摄入体内,并可通过洗漱、洗涤物品、沐浴等生活用水接触皮肤或呼吸摄入人体。

我国目前都是采用集中式供水和二次供水。集中式供水是指水源集中取水,通过输配水管网送到用户或者公共取水点的供水方式。生活饮用水进入居民小区需进行二次供水。二次供水是指集中式供水在入户之前经再度储存、加压和消毒或深度处理,通过管道或容器输送给用户的供水方式。根据市自来水公司的统计,用户投诉中90%的投诉都是针对嗅味,包括:土腥味、氯味、铁锈味等。综合市民对于自来水水质投诉的各种问题表明,普通市民对于饮用水质的关注主要反映在感官指标,包括:水龙头出水的浊度、颜色、异嗅、口感、结垢,生物安全性等。通过混凝、沉淀、过滤、消毒、吸附等工艺组合,能使这些问题得到根本处理。

任务一　混　凝　工　艺

知识点：1. 熟知混凝基本原理。

2. 掌握影响混凝效果的因素。

3. 掌握混凝处理工艺设施。

4. 掌握混凝异常现象成因。

技能点：1. 能正确使用混凝六联搅拌器。

2. 能配制不同药剂，分析混凝最佳影响因素。

3. 能正确进行分析检测数据，形成报告。

4. 能对常见混凝异常现象进行分析，并提出
解决办法。

数字资源 3-1
混凝工艺任务实施

数字资源 3-2
混凝工艺相关知识

【任务背景】

　　水中杂质按形态（主要是尺寸大小）可分为悬浮物（suspended solids，简称 SS）、胶体和溶解性物质 3 类。胶体状的物质颗粒尺寸很小。水中胶体通常包括黏土、藻类、腐殖质及蛋白质等，它们通过长期静放既不能上浮水面也不能沉淀澄清。悬浮物和胶体往往造成水的混浊，而有机物如腐殖质及藻类等还造成水的色、嗅、味，是对工业使用和人类健康的主要影响，并给人以恶感和不快。水处理的首要任务就是将它们去除。

　　但从水处理的角度来看，由于水中杂质的沉速十分缓慢，在停留时间有限的水处理构筑物内不可能沉降下来，故这类颗粒须经混凝沉淀方可去除。

【任务实施】

一、准备工作

所需检验项目	混凝工艺		
所需设备	六联电动搅拌器	光电式浊度计	pH 计
所需试剂	$Al_2(SO_4)_3 \cdot 18H_2O$：10 g/L		$FeSO_4 \cdot 18H_2O$：10 g/L
	HCl：10%		NaOH：10%
所需玻璃器皿（规格及数量）	1 000 mL 烧杯 6 个	10 mL 移液管 5 个	1 000 mL 量筒 2 个
所需其他备品	洗瓶		

团队分工	物品准备员：
	记录员：
	检验员：
	监督员：

二、测定要点

(一)确定最佳投药量

①自配原水(高岭土)，浊度为 50～70 NTU，确定原水特征，即测定原水样浊度、pH、温度。

②用 6 个 1 000 mL 的烧杯，分别放入 1 000 mL 原水，置实验搅拌机平台上。

③启动搅拌机，先中速运转数分钟，然后快速运转，稳定后在 1～6 号烧杯中分别加入 3，6，9，12，15，18 mL 的硫酸铝混凝剂。快速搅拌 30 s，转速约 300 r/min。

④中速搅拌 5 min，转速约 120 r/min；慢速搅拌 10 min，转速约 80 r/min。

⑤关闭搅拌机，抬起搅拌桨，静止沉淀 15 min。取上清液用浊度仪测定浊度(每杯水样测定 3 次)，记录。

(二)确定最佳 pH

①取 6 个 1 000 mL 烧杯分别放入 1 000 mL 原水，置于实验搅拌机平台上。

②确定原水特征，测定原水浊度、pH、温度，本实验所用原水与确定最佳投药量实验所用原水相同。

③调整原水 pH。用移液管依次向 1 号，2 号，3 号装有水样的烧杯中分别加入 1.5，1.0，0.5 mL 10%浓度的盐酸；依次向 5 号，6 号装有水样的烧杯中分别加入 0.5，1.0 mL 10%浓度的氢氧化钠。

该步骤也可采用变化 pH 的方法，即调整 1 号烧杯水样使其 pH 等于 3，其他水样的 pH (从 1 号烧杯开始)依次增加一个 pH 单位。

④启动搅拌机，快速搅拌 30 s，转速约 300 r/min。随后从各烧杯中分别取出 50 mL 水样放入三角烧杯，用 pH 仪测定各水样 pH。

⑤用移液管向各烧杯中加入相同剂量的混凝剂(投加剂量按照最佳投药量实验中得出的最佳投药量而确定)。

⑥启动搅拌机，快速搅拌 30 s，转速约 300 r/min；中速搅拌 5 min，转速约 120 r/min；慢速搅拌 10 min，转速约 80 r/min。

⑦关闭搅拌机，静置 15 min，取上清液用浊度仪测定浊度，记录。

(三)注意事项

①整个实验采用同一水样，取水样时搅拌均匀，一次量取。

②混凝药剂要同时加入。

③混凝搅拌要先快速搅拌，以使混凝药剂和水中胶体颗粒快速反应，然后逐渐降低搅拌

速度,以避免形成的矾花被打碎。

④要充分冲洗加药杯,以免药剂沾在加药杯上太多而影响投药量的精确度。

⑤取上清液时,要在相同的条件下取。

三、实施记录

实施记录单

任务		检验员		时间	
一、器材准备记录 数量记录: 异常记录: 不足记录: 二、操作记录 操作中违反操作规范、可能造成污染的步骤: 操作步骤有错误的环节: 操作中器材使用情况记录(是否有浪费、破损、不足):					

三、原始数据记录

原水浊度		原水温度		原水 pH		混凝剂	$Al_2(SO_4)_3$
水样编号	1	2	3	4	5	6	
混凝剂投加量/mL	3	6	9	12	15	18	
矾花形成时间/min							
水样剩余浊度/度							

原水浊度		原水温度		原水 pH		混凝剂	$FeSO_4$
水样编号	1	2	3	4	5	6	
混凝剂投加量/mL	3	6	9	12	15	18	
矾花形成时间/min							
水样剩余浊度/度							

原水浊度		原水温度		混凝剂		混凝剂投加量	
水样编号	1	2	3	4	5	6	
HCl 投加量/mL							
NaOH 投加量/mL							
水样 pH	4	5	6	7	8	9	
矾花形成时间/min							
水样剩余浊度/度							

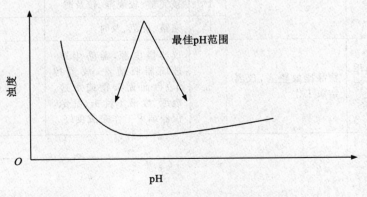

四、成果评价

考核评分表

序号	作业项目	考核内容	分值	操作要求	考核记录	扣分	得分
一	仪器调校（15分）	仪器预热	5	已预热			
		pH计使用	5	正确规范			
		温度计使用	5	正确规范			
二	溶液配制（15分）	容量瓶使用	5	正确规范（洗涤、试漏、定容）			
		移液管使用	5	正确规范（润洗、吸放、调刻度）			
		实验药剂配制	5	正确			
三	仪器使用（40分）	配制阶梯溶液	5	正确规范			
		投加药剂	5	正确规范			
		快速搅拌调节	5	正确规范			
		慢速搅拌调节	5	正确规范			
		时间设定	5	正确			
		观察矾花	5	正确			
		取液	5	正确规范			
		浊度测定	5	及时、准确			
四	数据处理和实训报告（25分）	准确度	0	不合格			
			5	合格			
			10	准确			
		形成报告	3	不合格			
			5	一般			
			10	较完整、较规范、较及时			
			15	完整、规范、及时			
五	文明操作结束工作（5分）	物品摆放整齐,仪器结束工作	5	仪器拔电源,盖防尘罩;玻璃器皿清洗,放置控干;台面无杂物或水迹,废纸、废液不乱扔、乱倒,仪器结束工作完成良好			
六	总分						

【相关知识】

一、常规水质处理流程

水厂以地表水作为水源,以取出水中的悬浮物和杀灭致病细菌为目标,采用经过比较后的地面水常规处理工艺系统。常规水质处理工艺流程如图 3-1 所示。

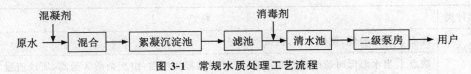

图 3-1　常规水质处理工艺流程

二、工艺原理

水质的混凝机理有 4 种。一是压缩双电层作用机理,即向水中加入混凝剂(或絮凝剂),通过混凝剂水解产物压缩胶体颗粒的扩散层,以使胶粒脱稳而相互聚结。二是吸附架桥作用机理,即通过混凝剂水解和缩聚反应而形成的高聚物的强烈吸附架桥作用,以使胶粒被吸附黏结。三是吸附电性中和机理,即通过异号离子、异号胶粒、链状离子或分子带异号电荷的部位对胶粒表面有强烈的吸附作用而中和了胶粒的部分电荷,减少了静电斥力,因而容易与其他颗粒接近而相互吸附。四是沉淀物网捕机理,即当采用铁、铝盐等高价金属盐类作为混凝剂,且其投加量很大足以迅速形成大量氢氧化物沉淀时,可以网捕、卷扫水中胶粒,以致产生沉淀分离,此时,混凝剂需量与原水杂质含量成反比。

三、运转方法

(一)混凝剂的选择

混凝剂的种类见表 3-1。

水厂在运行准备中,首先要选择使用何种混凝剂。选择混凝剂时应考虑以下 4 个方面:一是通过试验确定适合本厂水质的混凝剂种类;二是判断该种混凝剂操作使用是否方便;三是调查该种混凝剂当地是否生产,质量是否可靠;四是估算采用该种混凝剂在经济上是否合理。

总地来说,选择混凝剂要立足于当地产品。一般情况下混凝剂可选择硫酸铝。在北方地区,冬季温度较低,可考虑选择氯化铁或硫酸铁。在有条件的处理厂或二级水中碱度不足的处理厂,可考虑选用聚合氯化铝等无机高分子混凝剂。

水厂应根据原水水质分析资料,用不同的药剂做混凝试验,并根据货源供应等条件,确定合理的混凝剂品种及投药量。

一般来说,聚合铝,包括聚合氯化铝(PAC)和聚合硫酸铝(PAS)等,具有混凝效果好、对人体健康无害、使用方便、货源充足和价格低廉等优点,因而水厂多使用聚合铝作为水处理的混凝剂。

(二)混凝剂的投加

混凝剂的投加分为干投法和湿投法 2 种。干投法指混凝剂为粉末固体直接投加,湿投法是将混凝剂配制成一定浓度溶液后投加。我国多采用湿投法。湿投法混凝处理工艺流程如图 3-2 所示。

1.溶液池

溶液池一般以高架式设置,以便能依靠重力投加药剂。溶液池周围应有工作台,底部应设置放空管,必要时设溢流装置。

表 3-1 混凝剂的种类

混凝剂种类		特点
硫酸铝	优点	价格较低,使用方便,混凝效果好
	缺点	当水温低时硫酸铝水解困难,形成的絮凝体松散;由于杂质含量高,所以渣量大
氯化铁	优点	形成的矾花沉降好,处理低温水或低浊度水效果比铝盐好,适宜的 pH 范围较宽
	缺点	处理后水的色度比铝盐的高,腐蚀性大
PAC	优点	应用范围广,反应快,投药量低,过量投加时也不会像硫酸铝一样造成混浊;适宜的 pH 范围较宽,处理后水的 pH 碱度下降较小;水温低时,仍可保持稳定的混凝效果;对设备的侵蚀作用小
	缺点	处理有些废水必须配合 PAM 以增大矾花,提高沉降效果
PAM	优点	溶解性好,活性高,在水体中凝聚形成的矾花大,沉降快,比其他水溶性高分子聚合物净化能力强 2~3 倍;适应性强,受水体 pH 和温度影响小,腐蚀性小
	缺点	丙烯酰胺具有毒性,对残留量有要求

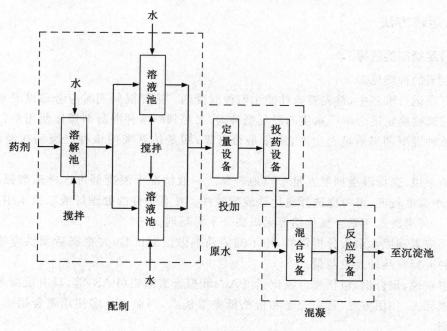

图 3-2 湿投法混凝处理工艺流程

溶液池容积按公式(3-1)计算。

$$W_1 = \frac{aQ}{417cn} \tag{3-1}$$

式中：W_1 为溶液池容积，m^3；Q 为处理水速度，m^3/h；a 为混凝剂最大投加量，mg/L；c 为溶液浓度，取 10%；n 为每日调制次数，取 $n = 2$。

溶液池一般设置 2 个，以便交替使用，保证连续投药。溶液池形状采用矩形，池旁设工作台，宽 $1.0 \sim 1.5$ m，池底坡度为 0.02；底部设置 DN 100 mm 放空管，采用硬聚氯乙烯塑料管，池内壁用环氧树脂进行防腐处理；沿地面接入药剂稀释用给水管 DN 80 mm 一条，于两池分设放水阀门，按 1 h 放满考虑。

2. 溶解池

溶解池容积为溶液池的 30%，溶解池搅拌装置采用机械搅拌，以电动机驱动浆板或涡轮搅动溶液。

3. 加药间及药库

加药间的各种管线布置在管沟内：给水管采用镀锌钢管，加药管采用塑料管，排渣管为塑料管。加药管内设两处冲洗地坪用水龙头 DN 25 mm。为便于冲洗水集流，应使地坪坡度 $\geqslant 0.005$，并坡向集水坑。

药库中药剂按最大投量 30 d 用量储存。考虑药库的运输、搬运和磅秤所占面积，不同药品间留有间隔等，这部分面积按药品占有面积的 30% 计。

(三)混合设备

在给排水处理过程中，原水与混凝剂、助凝剂等药剂的充分混合是使反应完善，从而使得后处理流程取得良好效果的最基本条件。同时，只有原水与药剂混合充分，才能有效提高药剂使用率，从而节约用药量，降低运行成本。

管式静态混合器是使原水与混凝剂、助凝剂、消毒剂实现瞬间混合的理想设备，其构造如图 3-3 所示。管式静态混合器具有高效混合、节约用药、设备小等特点，它是由两个一组的混合单元件组成，在不需外动力情况下，水流通过混合器产生对分流、交叉混合和反向旋流 3 个作用，混合效益达 $90\% \sim 95\%$。

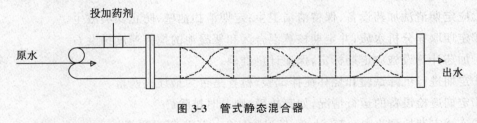

图 3-3　管式静态混合器

(四)絮凝反应池

在絮凝反应池内水平放置栅条，形成栅条絮凝池。栅条絮凝池布置成多个竖井回流式，各竖井之间的隔墙上，上下交错开孔。当水流通过竖井内安装的若干层栅条时，产生缩放作用，形成漩涡，造成颗粒碰撞。栅条絮凝池的设计分为 3 段，流速及流速梯度 G 值逐段降低。相应各段采用的构件各不相同，前段为密网，中段为疏网，末段不安装栅条。

四、维护管理

(一)混凝的影响因素

1. 水的性质

水的性质对混凝的影响主要表现为以下 3 点。

(1)胶体杂质浓度　杂质浓度过高或者过低都不利于混凝。用无机金属盐作为混凝剂时,胶体浓度不同,所需脱稳的混凝剂用量也不同。

(2)pH　采用某种混凝剂都有一个最佳 pH,使混凝反应速度最快,絮凝体溶解度最小,混凝作用最大。一般通过试验得到最佳的 pH。

(3)水温　水温高时,黏度降低,布朗运动加快,碰撞的机会增多,从而提高混凝效果,缩短混凝沉淀时间。因此,一般冬天混凝剂用量比夏天多。

2. 混凝剂种类和投加量

混凝剂种类主要取决于胶体和细微悬浮物的性质、浓度,而投加量又与混凝剂种类有关。对不同地区地表水源都存在最佳混凝剂、最佳投药量以及投药顺序,这都可以通过试验确定。

3. 水力条件

水力条件主要控制指标是搅拌强度和搅拌时间。在混合阶段,要求混凝剂与水迅速混合,为此要求 G 在 $500 \sim 10\,000\ \text{s}^{-1}$,搅拌时间 t 在 $10 \sim 30\ \text{s}$。到了反应阶段,搅拌强度降低,反应时间延长,相应 G 和 t 值分别应在 $20 \sim 70\ \text{s}^{-1}$ 和 $15 \sim 30\ \text{min}$。

确定最佳的工艺条件,一般情况下,可以用烧杯搅拌法进行混凝的模拟试验。试验分为单因素试验和多因素试验。一般应在单因素试验的基础上采用正交设计等数理统计法进行多因素重复试验。

(二)日常维护管理

①每班均应观察并记录矾花生成情况,并将之与历史资料比较。如发现异常应及时分析原因,并采取相应对策。

②应定期清洗加药设备,保持清洁卫生;定期清扫池壁,防止藻类滋生。

③定期取样分析水质,并定期核算混合区和絮凝池的搅拌速度梯度 G。

④加药计算设施应定期标定,保证计量准确。

⑤定期进行沉降试验和烧杯搅拌试验,检查是否为最佳投药量。

⑥定期巡检设备的运行情况,如有故障,则及时排除。

⑦连续定期检测水温、pH、浊度、悬浮物(SS)、COD 等水质指标。

⑧加强对库存药剂的检查,防止药剂变质失效,用药贯彻"先存先用"原则。

⑨配药时严格执行卫生安全制度,必须戴胶皮手套以及采取其他劳动保护措施。

⑩及时准确排泥。

(三)异常现象、原因及对策

混凝工艺中的异常现象、原因及对策见表 3-2。

表 3-2 混凝工艺中的异常现象、原因及对策

异常现象	原因及对策
絮凝反应池末端状况良好，水的浊度低，沉淀池中矾花颗粒细小，出水携带矾花	絮凝池末端有大量积泥，堵塞进水穿孔墙上的部分孔口，使孔口流速过大，打碎矾花，应及时排泥
絮凝反应池末端矾花状况良好，水的浊度低，但沉淀池出水携带矾花	(1)沉淀池超负荷运转，降低沉淀池水力表面负荷； (2)沉淀池短流，堰板不平整，调整堰板
絮凝池末端矾花颗粒细小，水体混浊，且沉淀池出水浊度升高	(1)混凝剂不足，应及时增加投药量； (2)水温降低，应增加混凝剂投加量； (3)进水碱度不足，水解会使 pH 下降，应调 pH
沉淀池末端矾花大而松散，沉淀池出水异常清澈，但出水携带大量矾花	混凝剂投加量过量，矾花不密实，不沉淀，应降低投药量
絮凝池末端絮凝体碎小，水体混浊，沉淀池出水浊度高	混凝剂投加量大大超量，使脱稳胶体颗粒重新处于稳定状态，不能凝聚，应大大降低投药量

五、典型设备

絮凝池是混凝工艺中的典型设备。絮凝池形式较多，分水力搅拌式和机械搅拌式两大类，其中水力搅拌式又有隔板絮凝池、折板絮凝池、穿孔旋流絮凝池、网格絮凝池等。如何提高絮凝过程的效率，缩短絮凝时间，以减小絮凝池的容积，这是絮凝池设计的一个重要课题。而竖流折板絮凝工艺就是近年来在我国得到广泛应用的有效、可行、适用范围较广的一种高效能水力絮凝方式。

（一）竖流折板絮凝的工作原理

竖流折板絮凝池是在竖流隔板絮凝池的基础上发展起来的，它是将竖流隔板絮凝池的平板隔板改成具有一定角度的折板。其基本工作原理是，通过在絮凝池内设置一定数量的折板，使加入絮凝剂并经充分混合的水流进入上下翻腾的夹间通道，通过折板间形成的缩放或拐弯造成边界层分离现象，并产生附壁紊流耗能，从而在絮凝池内沿程输入微量而足够的能量，增加水流内部颗粒的相对运动和相互碰撞，有效地提高输入能量的利用率和容积使用率，以缩短絮凝时间，提高絮凝体的沉降性能，最终达到絮凝的效果。

折板絮凝按折板组合形式，可分为同波折板和异波折板 2 种类型（图 3-4），2 种折板絮凝类型的水动力学条件稍有不同，以下将详细阐述。

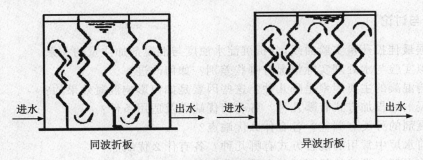

同波折板　　　　　　　　　异波折板

图 3-4 折板絮凝池剖面示意图

(二)竖流折板絮凝的类型

1. 竖流同波折板絮凝

折板波峰对波谷平行安装,称同波折板絮凝。波谷造成的转角形成水流运动的干扰物,继续流来的水流遇扰流物势必改变原来的流向,部分脱离边界朝另一方向流去,造成水流出现少量的离解。

分离点以下,将有水流来填充,从而形成小回流区。主流与回流的交面形成紊动涡体的制造场所,使流速分布改组,波峰处流速与主流区流速相近,波谷处则流速较低,出现微小涡漩。涡漩不断形成,不断释出,且在这种折板多弯流中,主流变向频繁,左右振荡,从而使颗粒产生碰撞,形成了絮凝。

2. 竖流异波折板絮凝

折板波峰相对安装,称异波折板絮凝。异波折板形成了水流运动通道的缩放形式。当水流通过时,这种通道的渐变缩放使水流流速发生变化,即水流通过缩口时,流速增加,水流经过放口时,流速减小,这种流速的变化可形成淹没式射流。在上下缩放口处,水流的动能差很大,射流水舌增加,水流剧烈的紊动,这种脉冲式的紊动每经过一个缩放口就要重现一次,保持了颗粒的碰撞频率,达到了分散加能的作用,从而形成絮凝。

以上 2 种形式的竖流折板絮凝,主要是由于折板的变向形成摇摆振荡或折板的缩放形成脉冲振荡,振荡充满整个絮凝过程中。我们可以将折板的每一个转角处、两折板之间的空间视为 CSTR 型单元反应器,而竖流折板絮凝是众多的 CSTR 型单元反应器串联起来的推流式(PF 型)反应器。

(三)竖流折板絮凝的工艺特点

通过以上分析,我们可以总结出竖流折板絮凝池有如下几个工艺特点。

①有较好的絮凝效果。絮凝池中的折板构造保证了水中颗粒的碰撞频率;另外,为了防止絮凝体在水流振荡运动中被剪坏,全过程流速沿程递减,分段控制低流速,使絮凝粒度逐渐增大而沉速增加。

②较小的能耗。由于流速低,相应的水头损失就小,其中大部分能量消耗在颗粒的碰撞上,能量利用比较合理,以较小的能耗,取得了较好的絮凝效果。

③结构紧凑,池体面积小。由于絮凝效率高、絮凝时间短,因此池体所占容积较小,池身可深可浅,能适应沉淀池设计尺寸的要求。

④适应水量的变化幅度较大。

⑤不用机械动力设备,维护管理十分方便。

⑥折板可用预制的钢丝网水泥板或聚乙烯板,简化了施工。

【问题与讨论】

1. 根据最佳投药量实验曲线,分析沉淀水浊度与混凝剂加注量的关系。
2. 模拟实验与水处理实际情况有哪些差别? 如何改进?
3. 影响混凝的主要因素是哪几种? 这些因素是如何影响混凝效果的?
4. 混凝剂的投加方式有哪几种? 各有何优缺点及适用条件?
5. 混凝剂的种类有哪些? 各有什么优缺点?
6. 目前水厂中常用的混合方式有哪几种? 各有什么优缺点?
7. 目前水厂中常用的絮凝设备有哪几种? 各有什么优缺点?

任务二 沉淀工艺

数字资源 3-3
沉淀工艺任务实施

数字资源 3-4
沉淀工艺相关知识

知识点：1. 熟知沉淀基本原理和各沉淀阶段特点。
　　　　2. 掌握沉淀池类型，以及不同沉淀池的应用范围。
　　　　3. 掌握自由沉淀基本规律。

技能点：1. 能通过自由沉淀实验测出 P 与 u 静沉关系、η 与 t 静沉关系、η 与 u 静沉关系。
　　　　2. 能针对水质特点选择不同类型沉淀池。
　　　　3. 能正确进行沉淀池日常运作，排除运行故障。

【任务背景】

饮用水处理的沉淀工艺是指在重力作用下，悬浮固体从水中分离的过程。原水经过投药、混合与反应过程后，水中悬浮物的存在形式变为较大的絮凝体，要将之在沉淀池中分离出来，以达到澄清的目的。混凝沉淀后出水浊度一般在 10 度以下。

沉淀池按水流方向分为水平沉淀池和斜板沉淀池。沉淀效果决定于沉淀池中水的流速和水在池中的停留时间。为了提高沉淀效果，减少用地面积，目前多采用蜂窝斜管异向流沉淀池。

【任务实施】

一、准备工作

所需检验项目	沉淀工艺		
所需设备	有机玻璃管沉淀柱 1 根，内径 $D \geqslant 100$ mm，高 1.5 m		
	配水及投配系统包括钢板水池、搅拌装置、水泵、配水管、循环水和计量水深用标尺		
	计量水深用标尺，计时用秒表		
	悬浮物定量分析所需设备有万分之一天平、带盖称量瓶、干燥皿、烘箱、抽滤装置、定量滤纸等		
所需玻璃器皿（规格及数量）	250 mL 烧杯 6 个	10 mL 移液管 5 个	1 000 mL 量筒 2 个
所需其他备品	玻璃棒	瓷盘	
团队分工	物品准备员： 记录员： 检验员： 监督员：		

二、测定要点

(一)颗粒自由沉淀静沉实验装置

颗粒自由沉淀静沉实验装置如图 3-5 所示。

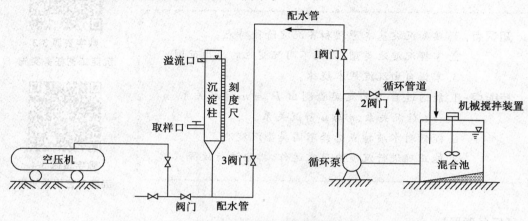

图 3-5　颗粒自由沉淀静沉实验装置

(二)测定步骤

①将实验用水倒入水池内,开启循环管路阀门2,用泵循环或机械搅拌装置搅拌,待池内水质均匀后,从池内取样,测定悬浮物浓度,记为 C_0 值。

②开启阀门 1,3,关闭循环阀门 2。水经配水管进入沉淀柱内,当水上升到溢流口并流出后,关闭阀门 1,3。

③向沉淀柱 12 内通入压缩空气,将水样搅拌均匀。

④记录时间,沉淀实验开始,隔 2,5,10,15,20,30,40,60 min 由取样口取样,记录沉淀柱内液面高度。

⑤观察悬浮颗粒沉淀特点、现象。

⑥测定水样悬浮物含量。

⑦实验记录用表记录。

(三)注意事项

①向沉淀柱内进水时,速度要适中,既要较快完成进水,以防进水中一些较重颗粒沉淀,又要防止进水速度过快造成柱内水体紊动,影响静沉实验效果。

②取样前,一定要记录柱中水面至取样口的距离 H_0(以 cm 计)。

③取样时,先排除取样管中积水再取样,每次取 300～400 mL。

④测定悬浮物时,因颗粒较重,从烧杯取样要边搅边吸,以保证两平行水样的均匀性,贴于移液管壁上的细小颗粒一定要用蒸馏水洗净。

三、实施记录

实施记录单

任务		检验员		时间	

一、器材准备记录

数量记录：

异常记录：

不足记录：

二、操作记录

操作中违反操作规范、可能造成污染的步骤：

操作步骤有错误的环节：

操作中器材使用情况记录（是否有浪费、破损、不足）：

三、原始数据记录

颗粒自由沉淀实验记录

静沉时间 /min	滤纸编号	滤纸重 /g	取样体积 /mL	滤纸+悬浮物重/g	水样悬浮物重/g	c_0/(mg/L)	沉淀高度 (H_0)/cm
0	1		10.00				1.200
2	2		10.00				1.185
5	3		10.00				1.170
10	4		10.00				1.155
15	5		10.00				1.140
20	6		10.00				1.125
30	7		10.00				1.110
40	8		10.00				1.095
60	9		10.00				1.080

实验原始数据整理

沉淀高度/cm	1.200	1.185	1.170	1.155	1.140	1.125	1.110	1.095	1.08
沉淀时间/min	0	2	5	10	15	20	30	40	60
实测水样悬浮物/(mg/L)									
计算用悬浮物/(mg/L)									
未被去除颗粒百分比(P_i)									
去除颗粒百分比									
颗粒沉速(u_i)/(mm/s)									

①未被去除颗粒百分比计算。表中不同沉淀时间 t_i 时,沉淀柱内未被去除的悬浮物的百分比 P_i 计算公式如下:

$$P_i = \frac{c_i}{c_0} \times 100\%$$

式中:P_i 为未被去除悬浮物百分比;c_0 为原水中悬浮物浓度值,mg/L;c_i 为某沉淀时间后,水样中悬浮物浓度值,mg/L。

②颗粒沉速计算。时间 t_i 内,颗粒沉速 u_i 计算公式如下:

$$u_i = \frac{H}{t_i}$$

式中:u_i 为颗粒沉速,mm/s;H 为沉淀高度,mm;t_i 为沉淀时间,s。

③以颗粒沉速 u 为横坐标,以 P 为纵坐标,在普通直角坐标纸上绘制 P 与 u 的关系曲线。

④利用图解法列表计算不同沉速时悬浮物的去除率。

颗粒去除率 η 的计算								
序号	u_0	P_0	$1-P_0$	ΔP	u_s	$u_s \cdot \Delta P$	$\sum (u_s \cdot \Delta P)$	$\sum (u_s \cdot \Delta P)/u_0$	$\eta = (1-P_0) + \sum (u_s \cdot \Delta P)/u_0$
1		1.000 0	0.000 0						
2	10.000 0	0.949 3	0.050 7	0.050 7	10.000 0	0.507 2	3.293 5	0.329 3	0.380 1
3	3.950 0	0.702 9	0.297 1	0.246 4	6.975 0	1.718 5	2.786 2	0.278 6	0.575 7
4	1.950 0	0.496 4	0.503 6	0.206 5	2.950 0	0.609 2	1.067 7	0.106 8	0.610 4
5	1.283 3	0.358 7	0.641 3	0.137 7	1.616 7	0.222 6	0.458 5	0.045 8	0.687 2
6	0.950 0	0.221 0	0.779 0	0.137 7	1.116 7	0.153 7	0.235 9	0.023 6	0.802 6
7	0.625 0	0.166 7	0.833 3	0.054 3	0.787 5	0.042 8	0.082 2	0.008 2	0.841 6
8	0.462 5	0.137 7	0.862 3	0.029 0	0.543 8	0.015 8	0.039 4	0.003 9	0.866 3
9	0.304 2	0.076 1	0.923 9	0.061 6	0.383 3	0.023 6	0.023 6	0.002 4	0.926 3

⑤根据上述计算结果,以 η 为纵坐标,分别以 u 及 t 为横坐标,绘制 η 与 u、η 与 t 的关系曲线。

P 与 u 静沉关系曲线 η 与 t 静沉关系曲线 η 与 u 静沉关系曲线

四、成果评价

考核评分表

序号	作业项目	考核内容	分值	操作要求	考核记录	扣分	得分
一	设备调校（10分）	启动搅拌设备	5	已预热			
		启动气泵	5	正确			
二	溶液配制（15分）	容量瓶使用	5	正确规范（洗涤、试漏、定容）			
		移液管使用	5	正确规范（润洗、吸放、调刻度）			
		实验用药配制	5	正确			
三	仪器使用（30分）	取样	5	正确规范			
		读数	5	正确规范			
		取样时间	5	正确			
		过滤	5	是			
		称重	5	正确			
		沉降高度的测量	5	及时、准确			
四	数据处理和实训报告（40分）	准确度	0	不合格			
			5	合格			
			15	准确			
		形成报告	5	合格			
			10	一般			
			15	较完整、较规范、较及时			
			25	完整、规范、及时			
五	文明操作结束工作（5分）	物品摆放整齐，仪器结束工作	5	仪器拔电源，盖防尘罩；玻璃仪器清洗，倒置控干；台面无杂物或水迹，废纸、废液不乱扔、乱倒，仪器结束工作完成良好			
六	总分						

【相关知识】

沉淀处理是净水工艺中的关键环节，其运行状况直接影响出水水质。随着新《生活饮用水卫生标准》的出台实施，水质标准越来越高，水质指标由原有实施的 GB 5749—1985 的 35 项增加至 106 项。新标准规定饮用水的浊度必须低于 1NTU，考虑配水官网、二次供水、意外事故等不利因素对水质的影响，水厂出厂水的水质控制标准也越来越严。而沉淀池负担着原水中 $80\%\sim90\%$ 的悬浮物、胶体的去除任务，因此沉淀池的稳定运行是水厂的关键质量控制点。

一、沉淀池工艺类型

沉淀是水处理中最基本的方法之一。它是利用水中悬浮颗粒的可沉降性能,在重力场的作用下产生下沉,以达到固液分离的一种过程。这种工艺简单易行,应用非常广泛,是整个水处理过程中重要的一道工序。

(一)沉淀类型

根据水中悬浮颗粒的凝聚性能强弱、浓度的高低以及可沉降颗粒的性质(如密度等),沉淀通常可分为四种不同的类型(表 3-3)。

表 3-3 沉淀类型

分类	特点描述	举例
自由沉淀	(1)悬浮物浓度不高,而且不具备凝聚性能,离散沉淀,没有外界干扰,非絮凝性固体颗粒在稀悬浮液中的沉降; (2)沉降过程中,颗粒的形状、粒径和密度不变,呈离散状态匀速沉降	沉淀池前期
絮凝沉淀 (干涉沉淀)	(1)悬浮物颗粒浓度不高,通过加絮凝剂等手段,使颗粒互相聚集增大形成絮凝团而加快沉降; (2)沉淀过程中,颗粒的形状、粒径和沉速是变化的,沉淀的轨迹呈曲线	混凝沉淀
区域沉淀 (分层、拥挤 沉淀)	(1)水中悬浮颗粒浓度较高,在下沉过程中将彼此干扰,在清水与浑水之间形成明显的交界面(浑液面),并逐渐向下沉降移动; (2)颗粒浓度大,相互间发生干扰,分层	高浊水、污泥斗初期
压缩沉淀	(1)悬浮物颗粒浓度很高,颗粒间相互挤压,相互支承,下层颗粒间的水在上层颗粒的重力下挤出,污泥得到浓缩; (2)粒群与水群之间有明显界面,但粒群之间密集,界面沉降速率很慢	浓缩池后期

(二)沉淀池的类型和结构

1.沉淀池的类型

沉淀池按水流方向可分为普通沉淀池和浅层沉淀池两大类。

(1)普通沉淀池 按照水在池内的总体流向,普通沉淀池又有平流式、竖流式和辐流式 3 种类型。

①平流式沉淀池:池型为长方形,一端进水,另一端出水,贮泥斗在池进口。

②竖流式沉淀池:池内水流由下向上,齿形多为圆形,有方形或多角形池,中央进水,池四周出水,贮泥斗在池中央。

③辐流式沉淀池:池径较大的圆形池,水流从池中心以辐流形式流向池周,也可从周边流进池中心,贮泥斗在池中央。

(2)浅层沉淀池 根据浅层理论,在沉淀池的沉淀区加斜板或蜂窝斜管,从而增加了沉降面积,改善了水力条件,以提高水的沉淀效率。

2.各沉淀池的结构形式

沉淀池均包括 5 个功能区,即进水区、沉淀区、缓冲层、污泥区和出水区。

进水区和出水区是进行配水和集水的区域,使水流均匀地分布在各个过流断面上,为提高容积利用、系数和固体颗粒的沉降提供尽可能稳定的水力条件;沉淀区是可沉颗粒与水分离的区域;污泥区是泥渣贮存、浓缩和排放的区域;缓冲层是分隔沉淀区和污泥区的水层,防止泥渣受水流冲刷而重新浮起。

以上各部分相互联系,构成一个有机整体,以达到设计要求的处理能力和沉降效果。

(三)平流式沉淀池

平流式沉淀池呈长方形,废水从池的一端流入,水平方向流过池子,从池的另一端流出;在池的进口处底部设贮泥斗,其他部位池底有坡度,倾向贮泥斗,如图3-6所示。

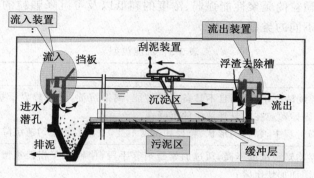

图3-6 平流式沉淀池示意图

平流式沉淀池的主要组成部分及作用如下。

1. 进水区

为了能使流入的污水均匀与稳定地进入沉淀池,在污水入口处应设置整流措施。流入装置的作用是消能,使废水均匀分布。流入装置是横向潜孔,潜孔均匀地分布在整个宽度上;在潜孔前设挡板,挡板高出水面0.15~0.2 m,伸入水下的深度不小于0.2 m。也有潜孔横向水平排列的流入装置。平流式沉淀池入口整流措施如图3-7所示。

2. 出水区

出水装置多采用自由堰形式。设置出水堰不仅可控制沉淀池内水面高度,而且对沉淀池内水流的均匀分布有着直接影响。常见的出水堰类型有矩形堰、三角堰和梯形堰。目前多采用锯齿形溢流堰,水面宜高于齿高的1/2处。堰板材料可采用钢板或UPVC板。

堰前可设置挡板以阻挡漂浮物,或设置浮渣收集和排除装置。挡板高出池内水面0.1~0.15 m,浸没在水面下0.3~0.4 m,并距出口0.25~0.5 m。出水堰板如图3-8所示。

沉淀池的出水槽沿途接纳出水堰流出的水,故槽内流系属非均匀稳定流。当沿槽长流入流量均匀,且为自由流入,出水槽出口为自由跌落时,其出口处的水深为临界水深。

3. 沉淀区

沉淀区是可沉降颗粒与废水分离的区域,应同时保持进出水均匀。

4. 污泥区

排除沉于池底的污泥是使沉淀池工作正常,保证出水水质的一项重要措施。在沉淀池的前部设贮泥斗,其中的污泥通过排泥管借1.5~2.0 m的静水压力排出池外,池底坡度一般为0.01~0.02。沉降在沉淀池其他部位的污泥通过机械装置集中到贮泥斗中。刮泥设备可采用桥式行车刮泥机或链带式刮泥机,也可采用多斗式排泥。污泥斗如图3-9所示。

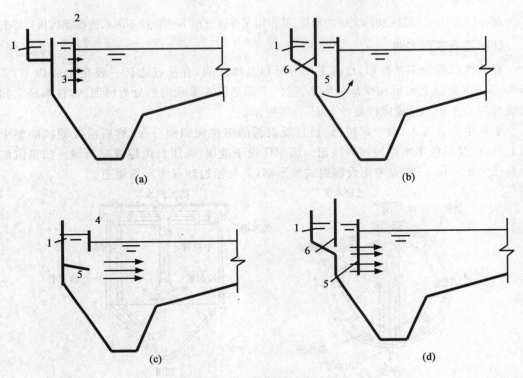

图 3-7　平流式沉淀池入口整流措施

1.进水槽;2.溢流堰;3.穿孔整流墙;4.底孔;5.挡流板;6.潜孔

注:(a)、(b)、(c)、(d)为 4 种整流措施

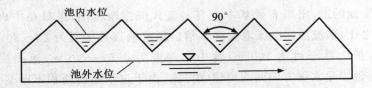

图 3-8　出水堰板

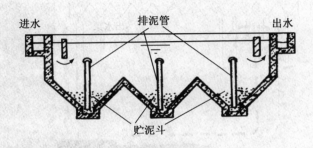

图 3-9　污泥斗

5.缓冲层

缓冲层是分隔沉淀区和污泥区的水层,其作用是保证已沉下的颗粒不因水流搅动而再行浮起。

(四)竖流式沉淀池

竖流式沉淀池多呈圆形,也有采用方形和多角形的;直径或边长一般在 8 m 以下,多为 4～7 m。沉淀池上部呈柱状部分为沉淀区,下部呈截头锥状的部分为污泥区,在两区之间留有缓冲层 0.3 m。竖流式沉淀池如图 3-10 所示。

水从中心管流入,由下部流出,通过反射板的阻拦向四周分布,然后沿沉淀区的整个断面上升,沉淀后的出水由池四周溢出。流出区设于池周,采用自由堰或三角堰。如果沉淀池的直径大于 7 m,一般要考虑设辐射式集水槽,并与池边环形集水槽相通。

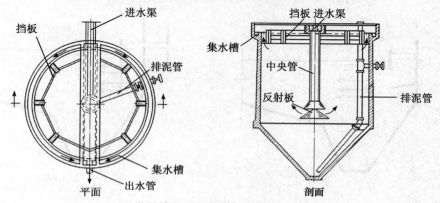

图 3-10　竖流式沉淀池

(五)辐流式沉淀池

辐流式沉淀池亦称辐射式沉淀池,池型多呈圆形,小型池子有时亦采用正方形或多角形。辐流式沉淀池的进、出口布置基本上与竖流式沉淀池相同,进口在中央,出口在周围。但池径与池深之比,辐流池比竖流池大许多倍。辐流池直径一般为 20～30 m,但变化幅度可为 6～60 m,最大甚至可达 100 m;池中心深度为 2.5～5.0 m,池周深度则为 1.5～3.0 m。水流在池中呈水平方向向四周辐(射)流,由于过水断面面积不断变大,故池中的水流速度从池中心向池四周逐渐减慢。泥斗设在池中央,池底向中心倾斜,污泥通常用刮泥(或吸泥)机械排除。辐流式沉淀池如图 3-11 所示。

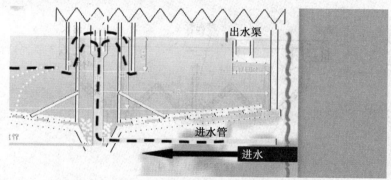

图 3-11　中心进水、周边出水辐流式沉淀池

在池中心处设中心管,污水从池底的进水管进入中心管,在中心管的周围通常用穿孔障板围成入流区,使污水在沉淀池内得以均匀流动。

流出区设置于池周,采用三角堰或淹没式溢流孔。

为了拦截表面的漂浮物质,在出水堰前设置挡板和浮渣收集、排出设备。

(六)斜板(管)沉淀池

斜板(管)沉淀池是根据"浅层沉淀"理论,在沉淀池的沉淀区加斜板或蜂窝斜管,以提高水的沉淀效率的新型沉淀池。斜板(管)沉淀池是向着理想沉淀池的逼近,其沉淀界限是理想沉淀池,它具有沉淀效率高、停留时间短、占地小等优点。

按水流与沉泥的相对运动方向,斜板(管)沉淀池可分为斜向流、同向流和侧向流3种形式。污水处理中主要采用升流式异向流斜板(管)沉淀池。

(七)各池型特点和适用条件

各沉淀池的特点见表3-4。

表3-4　各沉淀池的特点

池型	优点	缺点	适用条件
平流式	(1)对冲击负荷和温度变化的适应能力较强; (2)施工简单,造价低	采用多斗排泥时,每个泥斗需单独设排泥管各自排泥,操作工作量大;采用机械排泥时,机件设备和驱动件均渗于水中,易腐蚀	(1)适用地下水位较高及地质较差的地区; (2)适用于大、中、小型污水处理厂
竖流式	(1)排泥方便,管理简单; (2)占地面积较小	(1)池子深度大,施工困难; (2)对冲击负荷及温度变化的适应能力较差; (3)造价较高; (4)池径不宜太大	适用于处理水量不大的小型污水处理厂
辐流式	(1)采用机械排泥,运行较好,管理简单; (2)排泥设备已具有定型产品	(1)池水水流速度不稳定; (2)机械排泥设备复杂,对施工质量要求高	(1)适用于地下水位较高的地区; (2)适用于大、中、小型污水处理厂
斜板(管)沉淀池	(1)湿周大,水力半径小,层流状态好,颗粒沉降不受紊流干扰; (2)表面负荷高,占地面积小; (3)沉淀时间缩短	(1)当颗粒具有黏度时,效果不好,容易堵塞斜管; (2)需要增设填料冲洗斜管装置	(1)旧沉淀池的改、扩建; (2)用地紧张地区; (3)初沉池

二、工艺原理

沉淀工艺主要是利用物理原理(重力分离、自由沉淀类型)将泥沙从水中分离出来的一个单元,为后续给水处理中的过滤处理单元减少负荷,同时保护设备和管道免受磨损。

三、运转方法

①操作人员要熟悉设备、管道系统、闸门布置的情况。两组沉淀池,进水时要注意各组

池子进出水阀门的合理调节,保证各组池子水量平衡。

②观察絮凝池和沉淀池的运行效果。絮凝池末端的絮体状况是衡量药剂加注量是否合适的重要指标,应每半小时观察一次,视水量、水质变化而定。当药剂加注量发生变化时,应计算絮凝池停留时间,并按此时间观察絮凝池末端的絮体情况。

③检测沉淀池出水浊度应每小时进行一次。根据国家规定的水质标准,规定滤前水浊度应在 5 度以下,如出水浊度明显升高,应分析查找原因,并找出解决办法。

④注意观察絮凝池流态是否异常,有否积泥,沉淀池出水是否均匀及排泥机械运行情况,并做好记录,为分析絮凝、沉淀设备运行特性,停池情况和排泥设备维修等提供依据。

了解絮凝、沉淀池的运行原理,注意按时观察絮凝、沉淀池的运行状况,对絮凝、沉淀池的异常现象进行分析,查找原因,使絮凝、沉淀池发挥更大的功效。

四、维护管理

(一)影响因素

①静态管道混合器的运行效果受水量限制。

②集水槽出水不均匀,引起沉淀池出水不均匀,以致集水槽前后浊度相差大,影响了沉后水的浊度。

③沉后水的浊度对积泥深度的变化也很敏感,排泥盲区的存在,清洗沉淀池时,可以发现池两侧及两端堆积有淤泥,水流会冲击底泥,水量增加引起的速度梯度会击碎已生成的絮体,使矾花上扬。及时排泥在沉淀池运转中极为重要。

(二)日常维护

在水厂的日常管理中应将沉后水浊度作为生产控制指标,以加强水质的过程控制。

①固体物颗粒大小、形状和密度的影响。水中固体颗粒大,形状规则,密度大,则沉降快。

②温度的影响。水温降低,水中悬浮物黏滞度增加,颗粒沉降速度降低,例如悬浮物在 27℃时比 10℃时沉降快 50%。

③在经常发生水量、水质波动,考虑机械投加混凝剂药量时,必须保证渠道内配药均匀有效。

④要做到正确投加混凝剂,必须掌握进水质和水量的变化。以饮用水净化为例,一般要求 2～4 h 测定一次原水的浊度、pH、水温、碱度。在水质频繁季节,要求 1～2 h 进行一次测定,以了解进水泵房开停状况,根据水质水量的变化及时调整投药量。特别要防止断药事故的发生,因为即使短时期停止加药了也会导致出水水质的恶化。

⑤及时排泥。排泥是沉淀池最重要的一个操作,应在取样口连续取样分析其含固量,含固量变为零时,停止排泥。先进的自动排泥设施可通过排泥管路上的浓度计和密度计进行控制。

(三)异常现象、原因及对策

沉淀工艺中的异常现象、原因及对策见表 3-5。

表 3-5 沉淀工艺中的异常现象、原因及对策

异常现象	原因及对策
沉淀池出现短流现象；进入沉淀池的水流，在池中停留的时间通常并不相同，一部分水的停留时间小于设计停留时间，很快流出池外；另一部分则停留时间大于设计停留时间	(1)当沉淀池用于混凝工艺的液固分离时，正确投加混凝剂是沉淀池运行管理的关键之一。要做到正确投加混凝剂，必须掌握进水质和水量的变化。 (2)及时排泥是沉淀池运行管理中极为重要的工作。机械排泥的沉淀池要加强排泥设备的维护管理，一旦机械排泥设备发生故障，应及时修理，以避免池底积泥过度，影响出水水质
饮用水处理中的沉淀池，当原水藻类含量较高时，会导致藻类在池中滋生，尤其是在气温较高的地区，沉淀池中加装斜管时，这种现象可能更为突出	藻类滋生虽不会严重影响沉淀池的运转，但对出水的水质不利。防止措施是：在原水中加氯，以抑止藻类生长。采用三氯化铁混凝剂亦对藻类有抑制作用
出水水流不稳定，沉淀效果不好	将平流式沉淀池改造成斜板或斜管沉淀池。一般平流式沉淀池中的雷诺数(Re)常在 10^4 以上，而水流属于紊流。斜管沉淀池则由于湿周增加，水力半径降低，故雷诺数(Re)明显减少，以致完全有条件控制在层流条件下(Re 小于 500)。在平流式沉淀池中，Fr 值大致为 10^{-5} 的数量级。斜管沉淀池由于水力半径减小和水流速度提高，Fr 值一般为 $10^{-3} \sim 10^{-4}$，因而水流稳定性明显增加

五、高密度沉淀池

高密度沉淀池是由法国得利满公司开发的一项先进专利澄清技术。该技术应用面广泛，适用于饮用水生产、污水处理、工业废水处理和污泥处理等领域。与常规的混合反应沉淀池相比，高密度沉淀池增加了机械搅拌混合方式，从而增强了抗击水量变化的能力。根据高密度沉淀池的进水流量调节机械搅拌电机转速来控制搅拌速度梯度，从而使混合效果达到最佳。同时，高效沉淀池增加了外部污泥回流系统，所以对水质的抗击能力特别强，进水水质可以在很大的范围内变化，当浊度高达 10 000 NTU 时也能正常运行。从技术上来看，高密度沉淀池占地面积小，处理效果好，进水水质变化影响小，加药量小，且占地面积较常规沉淀池要小。

(一)工艺原理

高密度沉淀工艺是在传统的平流沉淀池的基础上，充分利用动态混凝、加速絮凝原理和浅池理论，把混凝、强化絮凝、斜管沉淀 3 个过程进行了优化。其主要基于 4 个机理：独特的一体化反应区设计、反应区到沉淀区较低的流速变化、沉淀区到反应区的污泥循环以及采用斜管沉淀布置。

高密度沉淀池示意图如图 3-12 所示。原水首先进入混凝区，在此投加混凝剂，通过搅拌器快速混合，发生凝聚反应，生成小颗粒矾花；然后进入絮凝区，投加助凝剂，在搅拌叶轮的作用下与沉淀/浓缩区回流泥渣接触反应生成大颗粒矾花；出水慢速地经过推流式反应区

进入沉淀区,这样可避免矾花破碎,并产生旋涡,使大量的悬浮固体颗粒在该区均匀沉积。矾花在沉淀区下部汇集成污泥并浓缩,逆流式斜管沉淀区将剩余的矾花沉淀。通过将斜管固定在清水收集槽进行水力分布,可提高水流均匀分配。清水由一个集水槽系统汇集后去清水池。沉淀区设有污泥搅拌装置,浓缩泥渣部分回流至絮凝区,目的在于加速矾花的生长以及增加矾花的密度,剩余部分送至工业废水处理系统进行脱水处理。

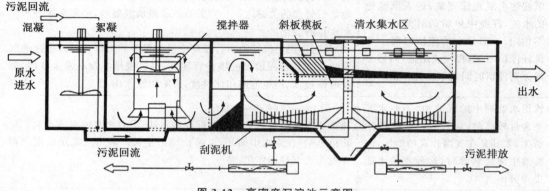

图 3-12　高密度沉淀池示意图

(二)工艺类型

1. RL 型高密度沉淀池(多用于生活用水处理工艺及生活污水处理工艺)

此类沉淀池是目前使用范围最广的一种高密度沉淀池(95％的项目采用)。采用该类型的高密度沉淀池时,水泥混合物流入沉淀池的斜管下部,污泥在斜管下的沉淀区从水中分离出来,此时的沉淀为阻碍沉淀;剩余絮片被斜管截留,该分离作用是遵照斜管沉淀池机理进行的。因此,在同一构筑物内整个沉淀过程就分为两个阶段进行,即深层阻碍沉淀和浅层斜管沉淀。其中,阻碍沉淀区的分离过程是沉淀池几何尺寸计算的基础。

2. RP 型高刻度沉淀池

在出水及污水排放标准不是极严格的情况下可采用此类高密度沉淀池,效果较好,在安装时可不带斜管。该沉淀池较少采用(只用于滤池冲洗废水带排放上清液的浓缩,特殊浓缩要求)。

3. RPL 型高密度沉淀池(多用于城市污水处理工艺、工业污水处理工艺)

这一类型的高密度沉淀池只有当必须集中贮泥,并对处理无反作用时才采用。所以它的应用仅限于除碳工艺(非饮用水)及工业污水处理中特殊的沉淀工艺。

(三)工艺特点

①采用合成的有机絮凝剂 PAM。混凝时添加 PAM 作为助凝剂,使得反应可产生较大的矾花,污泥回流可进一步增加矾花的密度和沉降性能,加快其沉淀速度。

②从慢速推流反应区到斜板沉淀区矾花能保持完整,并且产生的矾花颗粒大、密度高。

③高效的斜板沉淀可保证沉淀区较高的上升流速(可达 20～40 m/h),絮凝矾花可得到很好的沉淀。

④能有效地完成污泥浓缩,沉淀池排泥浓度可达 15％,无须进行再次浓缩,可直接脱水处理。

⑤处理效率高。有文献显示,高密度沉淀池对悬浮物(SS)的去除率在85%左右,对COD的去除率可达85%～96%,BOD5的去除率高达92%。

⑥集混凝、沉淀和浓缩功能为一体的水处理构筑物,结构紧凑,降低土建造价并且节约了建设用地。

⑦运行费用较高,因此需对药剂的投加进行优化控制,以使完整的运行费用降至最低。

(四)工艺优缺点

优点:高密度沉淀池具有处理效率高、单位面积产水量大、适应性强、抗冲击负荷强、处理效果稳定且占地面积小等优点。在城市用地日益紧张的情况下,高密度沉淀池这种带有外部泥渣回流的专利澄清技术在水处理领域必然有广泛的应用前景。

缺点:该处理工艺的机械设备多,能耗大,运行管理杂,施工难度也较大,投资总体较高。

(五)注意事项

①由于高密度沉淀池处理工况、原水水质、原水浊度等多种不可控因素,为保证合格出水水质,控制采用原水流量及单因子游动电流值对混凝计量泵进行自动变频加药。此控制方式可自动记录加药泵频率与原水流量及单因子游动电流值的比例系数(通过手动输入的最佳频率计算得出)。平时操作只需在原有基础上修正(从自动转到手动人工修正,当出水水质合格稳定后便再从手动转到自动,PLC会自动记录最后一次的最佳投加系数)从而实现自动变频加药。

②污泥回流能加速矾花的生长并增加矾花的密度,以维持均匀絮凝所要求的高污泥浓度。但是由于泥位变化的不稳定和回流泵吸泥口附近对泥层的抽吸作用,回流污泥的浓度很不均匀,且大多数情况下污泥浓度较低。但当回流污泥浓度大时,进水浓度会提高数倍,出现加药不足导致絮体细小的情况。因此应根据进泥浓度、进泥流量、回流的浓度适度调整回流量。按照原水流量的比例自动调节污泥回流泵的流速一般为原水流量的3%～5%。

③高密度沉淀池如果需要停运较长时间,则在停运前应增加次氯酸钠的加药量,以确保池水中余氯的量,防止有机物滋生。

【课后习题】

1.观察自由沉淀现象,并叙述与絮凝沉淀现象有何不同,实验方法有何区别?

2.实际工程中哪些沉淀属于自由沉淀,哪些属于絮凝沉淀?

3.目前水厂中常用的混合方式有哪些? 各有哪些优缺点?

4.目前水厂中常用的絮凝设备有哪几种? 各有哪些优缺点?

5.自由沉淀、絮凝沉淀、拥挤沉淀与压缩沉淀各有何特点? 说明它们内在的联系与区别。

6.斜板沉淀池的理论依据是什么?

7.试比较各类沉淀池的优缺点及其适用条件。

8.高密度沉淀池的基本原理和主要特点是什么?

9.影响沉淀的因素有哪些?

任务三　过滤工艺

知识点: 1. 熟知过滤基本原理和过滤池的构造。

　　　　2. 掌握过滤池运行的基本参数。

　　　　3. 掌握过滤工艺日常运行的规则。

技能点: 1. 能进行清洁砂层水头损失计算和分析水头损失
变化规律。

　　　　2. 能进行反冲洗滤层时水头损失计算。

　　　　3. 能正确进行过滤池日常运作,排除运行故障。

数字资源 3-5
过滤工艺任务实施

数字资源 3-6
过滤工艺相关知识

【任务背景】

　　在水处理过程中,过滤一般是指以石英砂等粒状滤料层截留水中悬浮杂质,从而使水质获得澄清的滤层过滤工艺过程。滤池通常置于沉淀池或澄清池之后,用以进一步去除水中的细小悬浮颗粒,降低出水浊度。滤池的进水浊度一般控制在 10 度以下,当原水浊度较低(一般在 100 度以下)且水质较好时,也可采用原水直接过滤。进水通过过滤,水中的有机物、细菌乃至病毒等更小的粒子由于吸附作用也将随着水的浊度降低而被部分去除。残存在滤后水中的细菌和病毒等,由于失去悬浮物的保护或依附而呈裸露状态,较容易在后续消毒过程中被灭活。因此,过滤是给水净化工艺中不可缺少的重要处理措施。另外,过滤还常用在对进水浊度要求较高的处理工艺之前做预处理,如活性炭吸附、膜处理、离子交换等。

【任务实施】

一、准备工作

所需检验项目	过滤工艺
所需设备	过滤柱,有机玻璃 $d = 100$ mm,$L = 2\,000$ mm,1 根
	转子流量计,LZB-25 型,1 个
	测压板,长×宽 3 500 mm×500 mm,1 块
	测压管,玻璃管 $\Phi10$ mm×1 000 mm,6 根
	筛子,孔径 0.2～2 mm,中间不少于 4 挡,1 组
所需玻璃器皿(规格及数量)	量筒,1 000 mL,100 mL 各 1 个
所需其他备品	容量瓶,比重瓶,干燥器,钢尺,温度计

团队分工	物品准备员：
	记录员：
	检验员：
	监督员：

二、测定要点

(一)实验装量

本实验采用如图 3-13 所示的实验装置。过滤和反冲洗水来自高位水箱。高位水箱的容积为 2 m×1.5 m×1.5 m,高出地面 10 m。

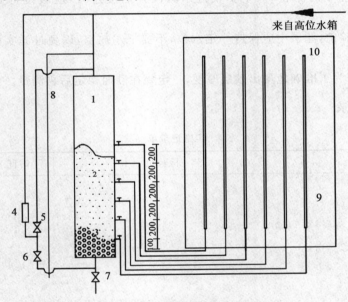

图 3-13　过滤实验装置示意图(单位:mm)

1.过滤柱;2.滤料层;3.承托层;4.转子流量计;5.过滤进水阀门;6.反冲洗进水阀门;
7.过滤出水阀门;8.反冲洗出水管;9.测压板;10.测压管

(二)清洁砂层过滤水头损失实验步骤

①开启阀门 6,冲洗滤层 1 min。

②关闭阀门 6,开启阀门 5,7,快滤 5 min,使砂面保持稳定。

③调节转子流量计 4,使出水流量约 50 L/h,待测压管中水位稳定后,记录滤柱最高、最低两根测压管中水位值。

④增大过滤水量,使过滤流量依次为 100,150,200,250,300 L/h 左右,分别测出并记录滤柱最高最低两根测压管中的水位值。

⑤量出滤层厚度 L。

⑥按步骤①~⑤再重复做 2 次。

(三)滤层反冲洗实验步骤

①量出滤层厚度 L_0,慢慢开启反冲洗进水阀门 6,调整反冲洗转子流量计 4 为 250 L/h,使滤料刚刚膨胀起来,待滤层表面稳定后,记录反冲洗流量和滤层膨胀后的厚度 L。

②开大反冲洗转子流量计 4,变化反冲洗流量依次为 500,750,1 000,1 250,1 500 L/h。按步骤 1 测出反冲洗流量和滤层膨胀后的厚度 L。

③改变反冲洗流量直至砂层膨胀率达 100% 为止。测出并记录反冲洗流量和滤层膨胀后的厚度 L。

④按步骤①～③再重复做 2 次。

(四)注意事项

①反冲洗滤柱中的滤料时,不要使进水阀门开启度过大,应缓慢打开以防滤料冲出柱外。

②在过滤实验前,滤层中应保持一定水位,不要把水放空,以免过滤实验时测压管中积存空气。

③反冲洗时,为了准确地量出砂层厚度,一定要在砂面稳定后再测量。

三、实施记录

实施记录单

任务		检验员		时间	
一、器材准备记录 数量记录: 异常记录: 不足记录: 					
二、操作记录 操作中违反操作规范、可能造成污染的步骤: 操作步骤有错误的环节: 操作中器材使用情况记录(是否有浪费、破损、不足): 					

三、原始数据记录

（一）清洁砂层过滤水头损失实验结果整理

1.将过滤时所测流量、测压水头填入清洁砂层水头损失实验记录表。

清洁砂层水头损失实验记录表

序号	测定次数	流量(Q)/(mL/s)	滤速		实测水头损失		
			Q/W/(cm/s)	$36Q/S$/(m/h)	测压管水头/cm		$H = h_b - h_a$/cm
					h_b	h_a	
1	1						
	2						
	3						
	平均						
2	1						
	2						
	3						
	平均						
3	1						
	2						
	3						
	平均						
4	1						
	2						
	3						
	平均						
5	1						
	2						
	3						
	平均						
6	1						
	2						
	3						
	平均						

注：h_b 为最高测压管水位值，h_a 为最低测压管水位值，S 为过滤池面积。

2. 以流量 Q 为横坐标,水头损失为纵坐标,绘制实验曲线。

(二)滤层反冲洗实验结果整理

1. 将反冲洗流量变化情况、膨胀后砂层厚度填入滤层反冲洗实验记录表。

滤层反冲洗实验记录表

序号	测定次数	反冲洗流量 (Q)/(mL/s)	反冲洗强度 /(cm/s)	膨胀后砂层厚度 (L)/cm	砂层膨胀度 $\left(e=\dfrac{L-L_0}{L_0}\times100\%\right)$/%
1	1				
	2				
	3				
	平均				
2	1				
	2				
	3				
	平均				
3	1				
	2				
	3				
	平均				
4	1				
	2				
	3				
	平均				
5	1				
	2				
	3				
	平均				
6	1				
	2				
	3				
	平均				

反冲洗前滤层厚度 $L_0 =$ （cm）

2. 以反冲洗强度为横坐标,砂层膨胀度为纵坐标,绘制实验曲线。

四、成果评价

考核评分表

序号	作业项目	考核内容	分值	操作要求	考核记录	扣分	得分
一	设备调校（10分）	转子流量计	5	正确			
		过滤柱	5	正确			
二	溶液配制（15分）	容量瓶使用	5	正确（洗涤、试漏、定容）			
		移液管使用	5	正确规范（润洗、吸放、调刻度）			
		实验用药配制	5	正确			
三	设备使用（40分）	开启阀门	5	正确规范			
		关闭阀门	5	正确规范			
		调节转子流量计	10	正确			
		调节过滤速度	5	是			
		测量滤层厚度	5	正确			
		开启反冲洗阀门	5	及时、准确			
		调反冲洗流量	5	及时、准确			

续表

序号	作业项目	考核内容	分值	操作要求	考核记录	扣分	得分
四	数据处理和实训报告（30分）	准确度	0	不合格			
			5	合格			
			10	一般			
			15	准确			
		形成报告	5	合格			
			7	一般			
			8	较完整、较规范、较及时			
			15	完整、规范、及时			
五	文明操作结束工作（5分）	物品摆放整齐，仪器结束工作	5	拔仪器电源；玻璃仪器清洗，倒置控干；台面无杂物或水迹，废纸、废液不乱扔、乱倒；仪器结束工作完成良好			
六	总分						

【相关知识】

水的混凝处理后，其水质情况会发生以下变化：基本上除掉了水中悬浮物；水中的有机物能除去 60％～80％；降低了一部分重碳酸盐硬度，即降低了一部分重碳酸盐碱度；除去了水中胶态硅酸，占全部硅酸的 25％～50％，却同时增加了 SO_4^{2-}，使水中的非碳酸盐硬度和水中的溶解固形物增加。为满足后续处理反渗透或离子交换除盐时的水质要求，还需要通过过滤对水进行进一步的预处理。

一、工艺类型

快滤池是针对慢滤池滤速过慢的缺点而发展起来的。早期快滤池的滤速要求达到 5 m/h 以上，现代快滤池的滤速可达 40 m/h，甚至更高。然而要实现快速过滤，必须解决两个问题：一是在高速水流条件下，如何实现水中的悬浮物黏着在滤料表面上的问题；二是如何在短时间内清除滤层中截留的大量悬浮固体。

常用的石英砂滤料表面一般呈负电性，故带负电的悬浮固体因与滤料间产生相斥作用而不会自动附着在滤料表面；一些因直接碰撞在砂粒上而被截留的颗粒，还会因高速水流的剪切作用而被冲刷下来。为此，快滤池的进水要求经过混凝处理或进入滤池前添加了混凝剂，在滤层内完成接触絮凝作用。

由于快滤池的滤速是慢滤池的几十倍到上百倍，故而快滤池的滤层在数十小时甚至数小时内所截留的悬浮固体量，相当于相同过滤面积慢滤池在几个月内所截留的悬浮固体量。这就要求至多每隔数十小时就必须对快滤池的滤层进行一次清洗。快滤池利用反冲洗来实现滤层中悬浮固体的清除。由于反向冲洗会引起滤料重新分层，导致滤层的含污能力也随之发生改变，因此，反冲洗是快滤池构造定型的一项关键技术。

过滤工艺发展到今天,快滤池的类型已有很多,一般根据滤料层、水流方向、阀门位置和工作压力进行相应区分。尽管各种滤池形式不同,但基本组成都相同,一般包括池体、滤料、配水系统和承托层、反冲洗装置和各种给排水管道或管渠;工作过程也基本相同,即过滤和冲洗交错进行。

(一)快滤池工作过程

以普通快滤池为例介绍其工作过程,其构造剖视图如图 3-14 所示。

1.过滤

过滤时,开启进水支管 2 与清水支管 3 的阀门;关闭冲洗水支管 4 阀门与排水阀 5。浑水就经进水总管 1、支管 2 从浑水渠 10、清水支管 3、清水总管 12 流往清水池。浑水流经滤料层时,水中杂质即被截留。随着滤层中杂质截留量的逐渐增加,滤料层中水头损失也相应增加。一般当水头损失增至一定程度以致滤池产水量锐减,或由于滤过水质不符合要求时,滤池便须停止过滤进行冲洗。

2.冲洗

冲洗时,关闭进水支管 2 与清水支管 3 阀门;开启排水阀 5 与冲洗水支管 4 阀门。冲洗水即由冲洗水总管 11、支管 4,经配水系统的干管、支管及支管上的许多孔眼流出,由下而上穿过承托层及滤料层,均匀地分布于整个滤池平面上。滤料层在由下而上均匀分布的水流中处于悬浮状态,滤料得到清洗。冲洗废水流入冲洗排水槽 13,再经浑水渠 6、配水支管 9、排水阀 5 和废水渠 14 进入下水道。冲洗一直进行到滤料基本洗干净为止。冲洗结束后,过滤重新开始。

从过滤开始到冲洗结束的一段时间称为快滤池工作周期。从过滤开始至过滤结束为一个过滤周期。

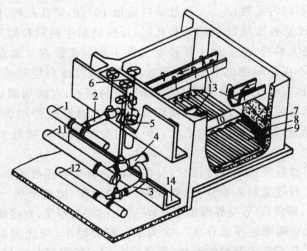

图 3-14 普通快滤池构造剖视图

1.进水总管;2.进水支管;3.清水支管;4.冲洗水支管;5.排水阀;6,10.浑水渠;7.滤料层;
8.承托层;9.配水支管;11.冲洗水总管;12.清水总管;13.冲洗排水槽;14.废水渠

快滤池的产水量决定于滤速(以 m/h 计)和工作周期。滤速相当于滤池负荷,以单位时间、单位过滤面积上的过滤水量计,单位为 $m^3/(m^2 \cdot h)$。当进水浊度在 15 度以下时,单层砂滤池的滤速为 8～10 m/h,双层滤料滤速为 10～14 m/h,多层滤料滤速一般可采用 18～

20 m/h。工作周期长短决定了滤池实际工作时间和冲洗水量的消耗。周期过短,滤池日产水量减少。滤池一般的工作周期为 12～24 h。

(二)滤料

滤料的工艺要求有粒度、机械强度、化学稳定性和颗粒形状等。

常用滤料有石英砂、无烟煤和大理石等。

1. 粒度

粒度常用粒径和不均匀系数两个指标来表示。通常用粒径(正好通过某一筛孔的孔径)表示滤料颗粒的大小,用不均匀系数表示滤料粒径级配(指滤料中各种粒径颗粒所占的重量比例)。

(1)粒径 粒径的表示有平均粒径 d_{80} 和有效粒径 d_{10} (下标指通过筛孔的质量百分比),后者反映滤料中较细颗粒的尺寸。粒径过大时,滤层孔隙大,出水水质不好,且反冲洗强度要求较高,影响反冲洗效果,进而可能造成其他不良影响;粒径过小时,滤层通流阻力加大,水头损失上升过快。

(2)不均匀系数 过滤所用的滤料大都是由天然矿石粉碎制得,其颗粒大小不等,形状也不规则。滤料不均匀,反冲洗不易控制,且影响反冲洗效果,甚或加剧反冲洗后颗粒的上小下大分布,使水头损失上升,过滤周期缩短。

我国《室外给水设计规范》(GB 50013—2006)中用滤料平均粒径 d_{80} 和滤料有效粒径 d_{10} 之比来表示滤料的不均匀系数 K_{80},见公式(3-2)。

$$K_{80} = \frac{d_{80}}{d_{10}} \tag{3-2}$$

式中:K_{80} 为滤料的不均匀系数;d_{10} 为通过滤料重量 10% 的筛孔孔径,反映滤料中细颗粒的尺寸,mm;d_{80} 为通过滤料重量 80% 的筛孔孔径,反映滤料中粗颗粒的尺寸,mm。

生产中也有用最大粒径 d_{max}、最小粒径 d_{min} 和不均匀系数 K_{80} 来表示滤料级配的。

滤料粒径过大,不仅影响滤出水水质,而且在反冲洗时滤料层较难松动,反冲洗效果不好;反之,粒径过小,比表面积大,有利于杂质吸附,但易堵塞,过滤周期短,影响产水量,反冲洗时还易将滤料冲出滤池。K_{80} 过大时,颗粒很不均匀,过滤时滤层含污能力减小,反冲洗时也不好兼顾粗、细滤料对冲洗强度的要求。但若过分要求 K_{80} 接近于1,滤料的价格又会比较高。

双层滤料或三层滤料经过反冲洗以后,会在两种滤料交界面处不可避免地出现混杂,这取决于煤、砂、重质矿石等滤料的密度差、粒径差、粒径级配、滤料形状、水温及反冲洗强度等因素。实践经验表明,即使煤-砂交界面出现 5 cm 左右的混杂厚度,对过滤也是有益无害的。

滤料粒度大小与所需滤层厚度存在一定关系。粒径越小,则比表面积越大;粒径越大,则比表面积就越小。若不考虑颗粒的形状、粒径分布的差异带来的滤层空隙率不同,则粒径大的滤料层单位体积所提供的表面积就小,为了满足滤后水质要求就必须加大滤层体积。在滤层面积受限制的情况下,这就意味着滤层厚度增加。反之,若采用细滤料颗粒,则滤层较薄。此外,滤料层厚的选择还需要考虑进水中杂质的穿透深度和保护层厚度。杂质的穿透深度与杂质粒径、滤速及水的混凝效果有关。通常情况下,杂质粒径越大、滤速越高、混凝效果就越差,穿透深度也越大。

表 3-6 是我国《室外给水规范》中所推荐的滤池滤速及滤料组成。

表 3-6　滤池滤速及滤料组成

滤料种类	滤料组成			正常滤速 /(m/h)	强制滤速 /(m/h)
	粒径/mm	不均匀系数 K_{80}	厚度/mm		
单层细砂滤料	石英砂 $d_{10}=0.55$	<2.0	700	7~9	9~12
双层滤料	无烟煤 $d_{10}=0.85$	<2.0	300~400	9~12	12~16
	石英砂 $d_{10}=0.55$	<2.0	400		
三层滤料	无烟煤 $d_{10}=0.85$	<1.7	450	16~18	20~24
	石英砂 $d_{10}=0.55$	<1.5	250		
	重质矿石 $d_{10}=0.25$	<1.7	70		
均匀级配粗砂滤料	石英砂 $d_{10}=0.9~1.2$	<1.4	1 200~1 500	8~10	10~13

表中的强制流速是指 1 个或 2 个滤池停产检修时,其余滤池在超正常负荷下运行时的流速。

（3）滤料的筛分　为了满足过滤对滤料粒径级配的要求,应对采购的原始滤料进行筛选。以石英砂滤料为例,取某砂样 300 g,洗净后于 105℃恒温箱中烘干,冷却后称取 100 g。用一组筛子进行过筛,筛后称出留在各筛子上的砂量,填入表 3-7 中,计算出通过相应筛子的砂量。然后以筛孔孔径为横坐标,通过筛孔砂量为纵坐标,绘制筛分曲线,如图 3-15 所示。

根据图 3-15 的筛分曲线,可求得该砂样的 $d_{10}=0.4$ mm,$d_{80}=1.34$ mm,因此 $K_{80}=1.34/0.4=3.37$。由于 $K_{80}>2.0$,故该砂料不符合过滤级配要求,必须进行筛选。

根据设计要求:$d_{10}=0.55$ mm,$K_{80}=2.0$,故 $d_{80}=2.0×0.55$ mm $=1.1$ mm。首先,由图 3-15 的横坐标 0.55 mm 和 1.0 mm 两点做垂线与筛分曲线相交;自两个交点做平行线与右侧纵坐标轴相交;并以此交点作为 10% 和 80%,重新建立新的纵坐标;再从新的纵坐标 0 点和 100% 点做平行线与筛分曲线相交,这两个交点以内尺寸的滤料即为所选滤料。由图 3-15 可知,粗滤料（$d>1.54$ mm）约筛出 13%,细滤料（$d<0.44$ mm）约筛出 13%,共计 26% 左右。

表 3-7　筛分实验记录

筛孔孔径 /mm	留在筛上的砂量		通过该号筛的砂量	
	质量/g	砂质量占全部砂样品的百分数	质量/g	砂质量占全部砂样品的百分数
2.362	0.1	0.1	99.9	99.9
1.651	9.3	9.3	90.6	90.6
0.991	21.7	21.7	68.9	68.9
0.589	46.6	46.6	22.3	22.3
0.246	20.6	20.6	1.7	1.7
0.208	1.5	1.5	0.2	0.2
筛底盘	0.2	0.2	—	—
合计	100.0	100.0		

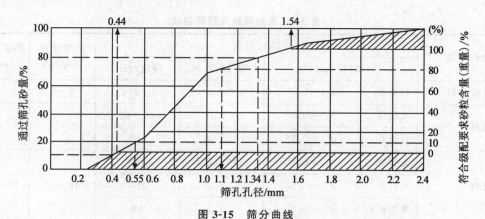

图 3-15　筛分曲线

2.机械强度

反冲洗时滤料处于流化状态,颗粒间的碰撞和摩擦易造成颗粒的磨损或破碎。

磨损率和破碎率是滤料机械强度常用的两个指标,其估算方法如下。

①取 100 g 样品,筛分出 0.5～1 mm 的部分。

②放入装有 150 mL 水的容器内,置于实验室震荡 24 h。

③再用 0.5 mm 和 0.25 mm 的筛子进行筛分。

通过孔径为 0.25 mm 筛子的部分占总量的质量百分比为磨损率;通过孔径为 0.5～0.25 mm 筛子的部分占总量的质量百分比为破碎率。

有的国家规定,磨损率不得大于 0.5%,破碎率不得大于 4%。

3.化学稳定性

水与滤料的化学反应会造成水质恶化,如 pH＞9 的水会使石英砂溶解,造成水中 SiO_2 增加。

化学稳定性测试:一定条件下,用中性(0.5 mg/L 的 NaCl,pH＝6.7)、酸性(盐酸溶液,pH＝2.1)和碱性(NaOH 溶液,pH＝11.8)的水浸泡已预处理(洗涤和 60℃ 干燥)的滤料 24 h。若溶解固形物、耗氧和硅酸的增加量均不超过 10 mg/L,则可被接受。

一般情况下,中性和酸性水可用石英砂做滤料;碱性水则宜用无烟煤或半烧白云石作为滤料,而不能用石英砂。

4.颗粒形状

常用滤料多为非球形,其形状和表面积会或多或少地影响通流阻力和过滤效果。球状度和形状因子是表述颗粒形状的两个常用概念,它们互为倒数。其中球状度为等体积的球和颗粒之间的表面积之比,其值≤1。

5.滤料孔隙率的测定

滤料层孔隙率是指滤料层中孔隙所占的体积与滤料层总体积之比。孔隙率测定方法为:取一定量的滤料,在 105℃ 下烘干称重 m,用比重瓶测出其密度 ρ,然后放入过滤筒中,用清水过滤一段时间后量出滤层体积 V,按公式(3-3)计算出滤料孔隙率 P:

$$P = 1 - \frac{m}{\rho \cdot V}$$

(3-3)

式中：P 为滤料孔隙率；m 为滤料的重量，kg；ρ 为滤料的密度，kg/m³；V 为滤层体积，m³。

　　一般来讲，孔隙率越大，滤层含污能力越大，过滤周期越长，产水量越大。但若孔隙率过大，悬浮杂质容易穿透，影响出水水质。滤料层孔隙率与滤料颗粒的形状、粒径、均匀程度以及滤料层的压实程度等因素有关。粒径均匀和形状不规则的滤料，孔隙率较大。一般所用石英砂滤料层的孔隙率在 0.42 左右。

(三)配水系统

　　配水系统位于滤池的底部，其作用是：在反冲洗时，使冲洗水均匀分布在整个滤池面积上；在过滤时，均匀收集滤后水。配水的均匀性对反冲洗效果至关重要。若配水不均匀，水量小处，滤料膨胀度不足，得不到充分清洗；水量大处，反冲洗强度过高，使滤料冲出滤池，甚至还会使局部承托层发生移动，造成漏砂现象。

　　根据反冲洗时配水系统对反冲洗水产生的阻力大小，配水系统分为大阻力配水系统、小阻力配水系统及中阻力配水系统 3 种。

1.大阻力配水系统

　　快滤池中常采用穿孔管大阻力配水系统，如图 3-16 所示。此系统中间是一根干管或干渠，干管两侧接出若干根相互平行的支管。支管下方有两排与管中心线呈 45°角且交错排列的配水小孔。反冲洗时，水流从干管起端进入，然后进入各支管，由各支管的孔口流出，经承托层自下而上对滤层进行清洗，最后流入排水槽排出。

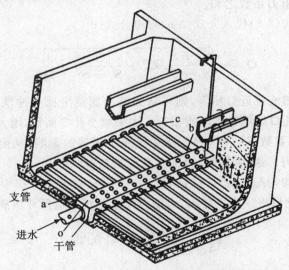

图 3-16　穿孔管大阻力配水系统

　　图 3-16 中，a 点和 c 点处的孔口分别是距进水口最近和最远的 2 个孔。忽略 o-Ⅰ和 b-c 的沿程水头损失及沿途泄流影响，根据流体力学原理，在水流流动方向上 a 孔和 c 孔处满足如公式(3-4)所示的能量守恒方程：

$$H_c + \frac{v_c^2}{2g} = H_a + \frac{v_a^2}{2g} \tag{3-4}$$

式中：H_a、H_c 为 a 孔、c 孔处的静水压力，Pa；v_a 为 a 孔处的水平流速，m/s；v_c 为 c 孔处的水平流速,m/s;g 为重力加速度,$g=9.81$ m/s²。

若 c 处水平流速为 0,则有公式(3-5):

$$H_c = H_a + \frac{v_a^2}{2g} \tag{3-5}$$

由于排水槽上缘水平,可认为冲洗时,水流自各孔流出后的终点水头在同一水平面上。a 孔和 c 孔处水头与终点水头之差即为水流经过孔口、承托层和滤料层的总水头损失,分别以 H'_a 和 H'_c 表示。由于终点水头相同,故 H'_a 和 H'_c 满足公式(3-6):

$$H'_c = H'_a + \frac{v_a^2}{2g} \tag{3-6}$$

因为水头损失与流量的平方呈正比,故有公式(3-7)和公式(3-8):

$$H'_a = (f_1 + f'_2)Q_a^2 \tag{3-7}$$

$$H'_c = (f_1 + f''_2)Q_c^2 \tag{3-8}$$

两式中:Q_a 为孔 a 处的出孔流量,m³/s;Q_c 为孔 c 处的出孔流量,m³/s;f_1 为孔口阻力系数,当孔口尺寸和加工精度相同时,各孔的孔口阻力系数均相同;f'_2 和 f''_2 为分别为孔 a 和孔 c 处承托层及滤料阻力系数之和。

将公式(3-7)、公式(3-8)代入公式(3-6)可得公式(3-9):

$$Q_c = \sqrt{\frac{S_1 + S'_2}{S_1 + S''_2}Q_a^2 + \frac{1}{S_1 + S''_2} \cdot \frac{v_a^2}{2g}} \tag{3-9}$$

如果 a 孔和 c 孔的流量近似相等,则可认为整个滤池平面上冲洗水分布是均匀的。但由公式(3-9)可知,两孔口处流量不可能相等。如果减小孔口面积,增大孔口阻力系数 S_1,削弱承托层、滤料层阻力系数 S'_2、S''_2 及配水系统水平流速的影响,从而使 Q_a 与 Q_c 接近,进而实现配水尽可能均匀。这就是大阻力配水系统的基本原理。

通常认为反冲洗均匀配水时,应满足 $Q_a/Q_c \geqslant 0.95$,即配水系统中任意两个孔口处流量相差不大于 5%。由此可进一步推导出,大阻力配水系统构造尺寸应满足公式(3-10):

$$\left(\frac{S}{S_1}\right)^2 + \left(\frac{S}{nS_1}\right)^2 \leqslant 0.29 \tag{3-10}$$

式中:S 为配水系统孔口总面积,m²;S_1 为干管截面积,m²;S_2 为支管截面积,m²;n 为支管根数。

可以看出,配水均匀性只与配水系统的构造尺寸有关。在实际运行时,o—Ⅰ和 b—c 的沿程水头损失及沿途泄流影响是不可忽略的,承托层的铺设及冲洗废水排除的不均匀程度也将对冲洗效果产生影响。为此,滤池面积一般被限制在 100 m² 以内。

穿孔管大阻力配水系统的构造尺寸可参照表 3-8 中的设计参数来确定。

表 3-8　穿孔管大阻力配水系统设计参数

类别	设计参数	类别	设计参数
干管起端流速/(m/s)	1.0~1.5	配水孔直径/mm	9~12
支管起端流速/(m/s)	1.5~2.0	配水孔心距/mm	75~300
孔口流速/(m/s)	5.0~6.0	支管中心距/mm	20~30
开孔比(α)/%	0.2~0.28	支管长度与直径比	<60

注：开孔比 α 指配水孔口总面积与滤池面积之比；当干管(渠)直径大于 300 mm 时，干管(渠)顶部应开孔布水，并在孔口上方设挡板；干管(渠)的末端应设直径为 40~100 mm 的排气管，管上装阀门。

　　配水系统不仅均匀分布反冲洗水，同时也收集滤后水。由于冲洗流速远大于过滤流速，故当冲洗水分布均匀时，过滤时的集水均匀性自无问题。

　　大阻力配水系统的优点是配水均匀性好，但系统结构较复杂，检修困难，而且水头损失很大(通常在 3.0 m 以上)，冲洗时需要专用设备(如冲洗水泵)，动力耗能多。

　　2. 小阻力配水系统

　　根据公式(3-9)，如果 v_a 减小至一定程度，同样可使进水趋于均匀，这就是小阻力配水系统的基本原理。基于这个理论，小阻力配水系统不采用穿孔管，而是在滤池底部留有较大的配水空间，在其上方铺设穿孔滤板(砖)，板(砖)上再铺设一层或两层尼龙网后，直接铺放滤料(尼龙网上也可适当铺设一些卵石)，如图 3-17 和图 3-18 所示。另外，滤池采用气、水反冲洗时，还可采用长柄滤头做配水系统，如图 3-19 所示。

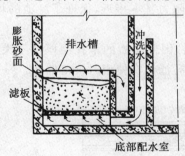

图 3-17　小阻力配水系统

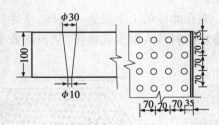

图 3-18　混凝土穿孔滤板(单位：mm)

　　小阻力配水系统结构简单，冲洗水头一般小于 0.5 m，但配水均匀性较大阻力系统差。因为它只是在配水系统内部压力均匀性方面得到了改善，而对于其他影响因素却不能像大阻力配水系统那样以巨大的孔口阻力加以抗衡。配水室压力和滤层阻力稍有不均、滤板上孔口尺寸稍有差别或部分滤板出现堵塞时，配水均匀程度都会敏感地反映出来。因此，滤池面积较大时，不宜采用小阻力配水系统。小阻力配水系统一般用于单格面积不大于 20 m² 的无阀滤池、虹吸滤池等。

　　当滤池面积、配水室宽度和高度确定后，小阻力配水系统的配水均匀性就取决于开孔比 α。开孔比 α 大，孔口阻力

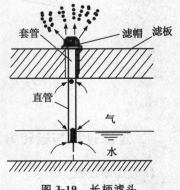

图 3-19　长柄滤头

就小,配水均匀性就差。开孔比 α 通常控制在 $1.0\%\sim1.5\%$。

配水室高度增大,有利于配水均匀,但滤池造价会有所增加,故配水室高度一般控制在 0.4 m 左右。

近年来,滤池多采用气-水反冲洗,配水、配气系统多采用长柄滤头,这也属于小阻力配水系统。

长柄滤头由上部滤帽和下部直管组成。滤帽上开有许多缝隙,缝隙宽度为 $0.25\sim0.4\text{ mm}$。直管上部设有小孔,下部有一条直缝。安装前,需要将套管预先置入滤板上,待滤板铺设完毕后,再将长柄滤头拧入套管内。长柄滤头一般采用聚丙烯塑料制成。

当气、水同时反冲洗时,在滤板下面的空间内,上部为气垫,下部为水。气垫厚度与气压有关。气垫中的空气先由直管上部的小孔进入滤头,气量加大后,气垫厚度相应增大,部分空气由直管下部的直缝进入滤头;反冲洗水则由滤柄下端及缝隙进入滤头。气和水在滤头内充分混合后,经过滤帽缝隙均匀喷出,使滤料层得到均匀冲洗。滤头布置数一般在 $50\sim60$ 个 $/\text{m}^2$,开孔比为 1.5% 左右。

3.中阻力配水系统

中阻力配水系统是指开孔比介于大、小阻力配水系统之间的配水系统,其开孔比一般为 $0.4\%\sim1.0\%$,水头损失为 $0.5\sim3.0\text{ m}$。中阻力配水系统的配水均匀性优于小阻力配水系统。常见的中阻力配水系统如穿孔滤砖,如图 3-20 所示。

穿孔滤砖分上下两层,铺设时各砖下层相互连通,起配水渠的作用;上层各砖之间用导板隔开,互不相通,单独配水。上层配水孔均匀分布,水流阻力基本接近,保证了滤池的均匀冲洗。

穿孔滤砖的上下层为一整体,反冲洗时滤砖不易上浮,因此所需的承托层厚度不大,只需防止滤料落入配水孔即可,从而降低了滤池高度。但穿孔滤砖在使用时价格偏高。

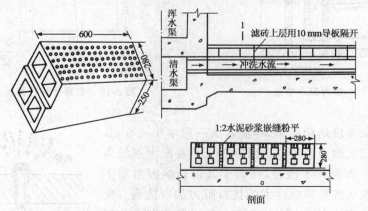

图 3-20　穿孔滤砖(单位:mm)

二、过滤过程与运转方法

(一)过滤过程

过滤过程就是指将水自上而下通过装有粒状填料(滤料)的设备,其中细小悬浮物被滤料吸附截留的过程。滤料分层排布,小颗粒的在上层。由于上层砂砾排列致密,从而使悬浮物易于被其表面吸附、重叠和架桥形成滤膜。此时滤膜起主要过滤作用,称为薄膜过滤。水进入滤层内部后,悬浮物在深层滤料的复杂空隙通道内更容易发生碰撞,从而被吸附截留,此时称为渗透过滤或深层过滤。

失效滤料可以通过自下而上的反冲洗再生。

(二)过滤中的压力损失

通过测定出水浊度和水通过滤层的压降均可知滤池运行效果。由于出水浊度变化规律性不强,故不能及时反映滤层的污染程度;而压降因变化明显、测量方便,故而成为反映滤池运行效果的实际指标。

水流经滤层的压降与滤料污染程度和滤池的出力有关,二者的增加都会导致压降值增大。在压降一定时,出力会随着滤料污染程度的增加而下降。

若保持滤池的出力不变,则随着滤料的污染加重,进水压力(压降)必须增大。但压降过大,就可能造成滤层局部破裂,过滤作用破坏,出水水质恶化,滤料污染加重,反冲洗时不易洗净,滤料结块等问题。实际运行中,压降应比导致滤层破裂的临界值低很多。

(三)运转方法

1. 过滤运转

(1)等速过滤　当滤池过滤速度保持不变,即滤池流量保持不变时,称为"等速过滤"。虹吸滤池和重力无阀滤池就属于等速过滤滤池。在等速过滤状态下,水头损失随着过滤时间增加而逐渐增大,滤池内水位逐渐升高,当水位上升至最高水位时,过滤停止,等待冲洗。

若滤料起始水头损失为 H_0,配水系统和承托层及管道(渠)水头损失为 h,当过滤时间为 t 时,滤层中水头损失增加 ΔH_t,则滤池的总水头损失为:

$$H_t = H_0 + h + \Delta H_t \tag{3-11}$$

在公式(3-11)中,H_0 和 h 在整个过滤过程中基本保持不变,ΔH_t 与时间 t 的关系反映了滤层截留杂质与过滤时间的关系,也是滤层孔隙率的变化与时间的关系。根据实验,ΔH_t 与 t 可以用直线关系近似表示。设计时滤池的最大水头损失 $H_{t\max}$ 根据技术条件确定,一般为 $1.5 \sim 2.0$ m。如果不出现滤后水质恶化等情况,则过滤周期不仅取决于最大允许水头损失,还与滤速有关。滤速增大,一方面引起清洁滤层水头损失增大,另一方面单位时间内被滤层截留的杂质量也增多,水头损失增加加快。

以上讨论的是整个滤层水头损失的变化情况。由于上层滤料截留杂质量较多,愈往下层愈少,因而水头损失增加值 ΔH_t 实际是沿着滤层由上而下逐渐减小的。在过滤过程中,当滤层截留了大量杂质以至于某一深度滤层处的水头损失超过该处水深,便出现了负水头现象。如图 3-21 所示,过滤时间为 t_2 时,水流通过 c 处所产生的水头损失恰好等于 c 处以上水深(a 处也相同),a 与 c 之间则出现了负水头现象。其中砂面以下 25 cm 的 b 处出现了最大负水头。

负水头会导致溶解于水中的气体释放出来并形成气囊,从而减小有效过滤面积,使过滤时的水头损失和滤速增加,甚至会影响滤后出水的水质。另外,气囊还会穿过滤层上升,有可能把部分细滤料或轻质滤料带出,破坏滤层结构。反冲洗时,气囊更易将滤料带出滤池。要避免出现负水头现象,可以通过增加滤层上的水深以使滤池出水水位等于或高于滤层表面。虹吸滤池和无阀滤池就是因为调整出水水位高于滤层表面而避免了负水头现象的出现。

（2）等水头变速过滤 在过滤中，如果过滤水头损失始终保持不变，则滤层孔隙率的逐渐减小必然导致滤速逐渐减小，这种情况称为"等水头变速过滤"。对于普通快滤池而言，因为一级泵站流量基本不变，即滤池进水总量基本不变，故尽管水厂内设有多座滤池，但既要保持每座滤池水位恒定又要保持总的进、出水流量平衡是不现实的。然而，对于分格数很多的移动罩滤池是有可能近似达到"等水头变速过滤"状态的。

多格滤池进水渠连通，则各格滤池的水位和总水头损失在任何时间内基本相等。但每格滤池的截污量不同，滤速 v 并不相等，滤料最干净的滤池滤速最大，截污量最多的滤池滤速最小。在过滤过程中，整个滤池组的平均滤速始终保持不变，以维持总进、出水平衡。就每格滤池的滤速而言，呈阶梯性下降，但在每一阶梯段仍为等速过滤，滤池组水位有一定程度上升。待某一格滤池反冲洗完毕后重新投入运行时，其他格滤池均按各自原滤速下降一级，相应地滤池组的水位也突然下降一些。

克里斯比（J. L. Cleasby）等对等水头变速过滤进行深入研究后认为，与等速过滤相比，在平均滤速相同的情况下减速过滤的滤后水质较好，而且在相同过滤周期内过滤水头损失也较小。在过滤初期，较大的滤速可将悬浮杂质带入下层滤料；而过滤后期滤速变小，可防止悬浮颗粒穿透滤层，从而保证出水水质。等速过滤则不具备这种自然调节功能。

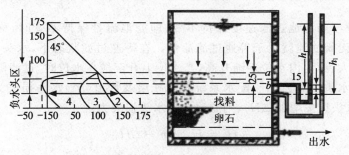

图 3-21 过滤时滤层压力变化

2.滤池反冲洗运转

反冲洗的目的是清除滤层中所截留的污物，使滤池恢复过滤能力。

快滤池冲洗方法有高速水流反冲洗、气-水反冲洗和表面冲洗 3 种。应根据滤料层组成、配水配气系统或参照相似条件下已有滤池的经验选取冲洗方式。《室外给水设计规范》所推荐的冲洗方式和程序见表 3-9。

表 3-9 冲洗方式和程序

滤料组成	冲洗方式和程序
单层细砂级配滤料	水冲或气冲＋水冲
单层粗砂均匀级配滤料	气冲＋气、水同时冲＋水冲
双层煤、砂级配滤料	水冲或气冲＋水冲
三层煤、砂、重质矿石级配滤料	水冲

（1）高速水流反冲洗 利用水流反向通过滤料层，使滤料层膨胀至流态化状态，利用水流剪切力和滤料颗粒间碰撞摩擦的双重作用，将截留在滤料层中的污物从滤料表面剥落下

来,然后被冲洗水带出滤池。高速水流反向冲洗是应用最早、技术最成熟的一种冲洗方式,所需滤池结构和设备简单,操作简便。为了保证冲洗效果,在冲洗过程中对反冲洗强度、滤层膨胀度和冲洗时间都有一定要求。

①冲洗强度:是指单位面积滤层所通过的冲洗水量,以 L/(m²·s)计,也可以换算成反冲洗流速,以 cm/s 计。1 cm/s＝10 L/(m²·s)。

反冲洗强度过小时,滤层膨胀度不够,滤层孔隙率中水流剪切力小,截留在滤层中的杂质难以剥落,滤层冲洗不净;反冲洗强度过大时,滤层膨胀度过大,由于滤料颗粒之间过于离散,滤层孔隙率中的水流剪切力也会降低,且滤料颗粒间的摩擦碰撞概率也减小,以致滤层冲洗效果差,严重时还会造成滤料流失。因此,反冲洗强度过大或过小,冲洗效果都会下降。

②滤层膨胀度:是指反冲洗后滤层所增加的厚度与膨胀前厚度之比,用 e 表示,用公式(3-12)计算:

$$e = \frac{L - L_0}{L_0} \times 100\% \qquad (3\text{-}12)$$

式中:L_0 为滤层膨胀前厚度,cm;L 为滤层膨胀后厚度,cm。

滤料膨胀度由滤料的颗粒粒径、密度及反冲洗强度所决定,同时受水温影响。对于一定级配的单层滤料,在一定冲洗强度下,粒径小的滤料膨胀度大,粒径大的滤料膨胀度小。因此,同时保证粗、细滤料的膨胀度处于最佳状态是不可能的。鉴于滤池中上层滤料截留污物较多,故反冲洗强度的大小应尽可能保证上层滤料在反冲洗时处于最佳膨胀度。实践证明,滤池中下层滤料也必须达到流态化,即刚刚开始膨胀时,才能获得较好的冲洗效果。因此,设计或操作中,以最大粒径滤料刚开始膨胀作为确定冲洗强度的依据,如果可能由此导致上层细滤料膨胀度过大甚至引起滤料流失,则应对滤料的级配加以调整。

考虑到其他影响因素,对于单层滤料设计冲洗强度时可按公式(3-13)确定:

$$q = 10K \cdot \upsilon_{mf} \qquad (3\text{-}13)$$

式中:q 为冲洗强度,L/(m²·s);υ_{mf} 为最大粒径滤料的最小流态化流速,cm/s;K 为安全系数,一般取 K＝1.1～1.3。

K 值的大小与滤料粒径的均匀度有关,不均匀程度大时取低限,反之取高限。

对于双层滤料或三层滤料,还需考虑各层滤料的混杂问题,情况比较复杂,一般参考类似情况的生产经验确定。

③冲洗时间:当冲洗强度或滤层膨胀度符合要求但反冲洗时间不足时,也不能充分地清洗掉包裹在滤料表面上的污泥;同时,冲洗废水因排除不尽也会使冲洗废水中的污物重返滤层。如此长期下去,滤层表面将形成泥膜。在实际操作中,冲洗时间可根据冲洗废水允许浊度决定。

《室外给水设计规范》对冲洗强度、滤层膨胀度和冲洗时间 3 项指标的推荐值如表3-10所示。

表 3-10　冲洗强度、滤层膨胀度和冲洗时间 (水温 20℃)

滤层	冲洗强度 /[L/(m² · s)]	膨胀度 /%	冲洗时间 /min
单层细砂级配滤料	12～15	45	7～5
双层煤、砂级配滤料	13～16	50	8～6
三层煤、砂、重质矿石级配滤料	16～17	55	7～5

注：①当采用表面冲洗设备时，冲洗强度都可取低值。

②由于全年水温、水质有变化，应考虑有适当调整冲洗强度的可能。

③选择冲洗强度应考虑所用混凝剂品种。

④膨胀度数值仅用于设计计算。

（2）气-水反冲洗　将压缩空气压入滤池，利用上升空气气泡产生的振动和擦洗作用，将附着于滤料颗粒表面的污物清除下来并使之进入水中，最后由冲洗水带出滤池。气-水反冲洗所需的空气由鼓风机或空气压缩机和储气罐组成的供气系统供给，冲洗水由冲洗水泵或冲洗水箱供应，配气、配水系统多采用长柄滤头。

采用气-水反冲洗有以下优点：①空气气泡的擦洗能有效地使滤料表面污物破碎、脱落，冲洗效果好，节省冲洗水；②可降低冲洗强度，冲洗时滤层可不膨胀或微膨胀，从而避免或减轻滤料的水力筛分，提高滤层含污能力。不过，气-水反冲洗需要增加气冲设备，池子结构和冲洗程序也较复杂。但总体来讲，气-水反冲洗还是具有明显优势，因此近年来应用日益增多。《室外给水设计规范》所推荐的气-水反冲洗强度及冲洗时间见表 3-11。

表 3-11　气-水反冲洗强度及冲洗时间

滤料种类	先气冲洗		气、水同时冲洗			后水冲洗		表面扫洗	
	强度	时间	气强度	水强度	时间	强度	时间	强度	时间
单层细砂级配滤料	15～20	3～1	—	—	—	8～10	7～5	—	—
双层煤、砂级配滤料	15～20	3～1	—	—	—	6.5～10	7～5	—	—
单层粗砂均匀级配滤料	13～17	2～1	13～17	3～4	4～3	4～8	8～5	—	—
	13～17	2～1	13～17	3.5～3	5～4	4～8	8～5	1.4～2.3	全程

注：冲洗强度单位为 L/(m² · s)，冲洗时间单位为 min。

（3）表面冲洗　在滤料砂面以上 50～70 mm 处放置穿孔管，反冲洗前先从穿孔管喷出高速水流，冲掉表层 10cm 厚滤料中的污泥，然后再进行反冲洗。表面冲洗可提高冲洗效果，节省冲洗水量。

根据穿孔管的安装方式，表面冲洗可分固定式和旋转式 2 种，其表面冲洗强度分别为 2～3 L/(m² · s)和 0.5～0.75 L/(m² · s)，冲洗时间均为 4～6 min。

3. 冲洗水的供给与废水的排出

（1）冲洗水的供给　普通快滤池反冲洗水供给方式有冲洗水泵和冲洗水塔（箱）2 种。水泵冲洗设备投资费用低，冲洗过程中冲洗水头变化较小；但由于冲洗水泵属于间歇工作，其设备功率大，电网负荷极易不均匀。水塔（箱）冲洗操作简单，补充冲洗水的水泵较小，并允许在较长的时间内完成,耗电均匀;但水塔造价高,若有地形或其他条件可利用时,使用冲洗水塔(箱)比较经济。

①冲洗水塔(箱)。为了避免冲洗过程中冲洗水头相差过大,水塔(箱)内水深不宜超过3 m。水塔(箱)容积按单格滤池所需冲洗水量的1.5倍计算,可按公式(3-14)计算:

$$W = \frac{1.5Fqt \times 60}{1\ 000} = 0.09Fqt \tag{3-14}$$

式中:W 为水塔(箱)容积,m^3;F 为单格滤池面积,m^2;q 为反冲洗强度,$L/(m^2 \cdot s)$;t 为冲洗时间,min。

水塔(箱)底部高出滤池冲洗排水槽顶的高度 H_0 按公式(3-15)计算:

$$H_0 = h_1 + h_2 + h_3 + h_4 + h_5 \tag{3-15}$$

式中:h_1 为从水塔(箱)至滤池的管道中总水头损失,m;h_2 为滤池配水系统水头损失,m;h_3 为承托层水头损失,m;h_4 为滤料层水头损失,m;h_5 为备用水头,一般取 1.5~2.0 m。

其中,滤池配水系统水头损失 h_2 可按公式(3-16)计算:

$$h_2 = \frac{1}{2g}\left(\frac{q}{10\alpha\mu}\right) \tag{3-16}$$

式中:q 为反冲洗强度,$L/(m^2 \cdot s)$;α 为配水系统开孔比;μ 为孔口流量系数;g 为重力加速度,$g = 9.81\ m/s^2$。

承托层水头损失 h_3 可按公式(3-17)计算:

$$h_3 = 0.022qZ \tag{3-17}$$

式中:Z 为承托层厚度,m;q 为反冲洗强度,$L/(m^2 \cdot s)$。

滤料层水头损失 h_4 可按公式(3-18)计算:

$$h_4 = \frac{\rho_s - \rho}{\rho}(1 - k_0)L_0 \tag{3-18}$$

式中:ρ_s、ρ 为分别是滤料和水的密度,g/cm^3;k_0 为滤料层膨胀前的孔隙率;L_0 为滤料层膨胀前的厚度,m。

②水泵冲洗。采用冲洗水泵冲洗时,可单独设置冲洗泵房,也可设于二级泵站内。水泵应考虑备用,水泵流量 Q 用公式(3-19)按反冲洗强度和滤池面积计算:

$$Q = qS \tag{3-19}$$

式中:q 为反冲洗强度,$L/(m^2 \cdot s)$;S 为单格滤池面积,m^2。

水泵扬程 H 按公式(3-20)计算:

$$H = H_0 + h_1 + h_2 + h_3 + h_4 + h_5 \tag{3-20}$$

式中:H_0 为排水槽顶与清水池最低水位差,m;h_1 为清水池至滤池管道中总水头损失,m。

其余符号的含义同上。

（2）冲洗废水的排除　滤池冲洗废水的排除设施包括反冲洗排水槽和废水渠。反冲洗时,冲洗废水先溢流入反冲洗排水槽,再汇集到废水渠,最后由废水渠连接的竖管排入下水道,如图 3-22 所示。

①排水槽。为了及时均匀地排除冲洗废水,反冲洗排水槽设计应满足以下要求:排水槽应保持 7 cm 左右超高,废水渠起端水面低于排水槽底 20 cm;排水槽的槽口高度应保持一致,施工时误差应控制在 2 mm 以内;排水槽总面积一般不大于滤池面积的 25%,以免反冲洗上升水流流速过大,以致影响上升水流的均匀性;相邻两槽中心距一般为 1.5～2.0 m,间距过大会影响排水的均匀性。

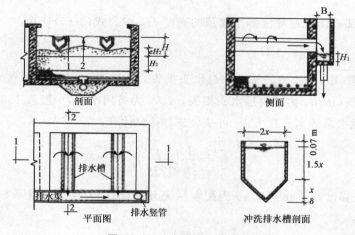

图 3-22　反冲洗排水示意图

生产中常用的反冲洗排水槽断面如图 3-22 所示,反冲洗排水槽底可以水平设置,也可以设置一定坡度。反冲洗排水槽顶距未膨胀滤料表面的高度 H 按公式(3-21)计算:

$$H = eH_2 + 2.5x + \delta + 0.07 \tag{3-21}$$

式中:e 为反冲洗时滤料层膨胀度,m;H_2 为滤料层厚度,m;x 为反冲洗排水槽断面模数,m;δ 为冲洗排水槽底厚度,m;0.07 为反冲洗排水槽超高,m。

②废水渠。废水渠为矩形断面,可沿着滤池池壁一侧设置。当滤池面积很大时,废水渠也可布置在滤池中间。渠底距排水槽高度 Hc 可按公式(3-22)计算:

$$H_c = 1.73 \sqrt[3]{\frac{Q^2}{gB^2}} + 0.2 \tag{3-22}$$

式中:Q 为滤池冲洗流量,m³/s;B 为渠宽,m;g 为重力加速度,$g = 9.81$ m/s²;0.2 是保证冲洗排水槽排水通畅而使废水渠端面低于排水槽的高度,m。

三、维护管理

(一)影响因素

1.滤速

过滤滤速一般为 $10\sim12$ m/h。

滤速过小,虽然投资费用低,但达不到预期效果;滤速过大,则水质下降,压降升高,过滤周期缩短。

2.反冲洗

反冲洗的目的是恢复滤料的过滤能力。

反冲洗水流自下而上,滤层膨胀,导致高度增加一定比例,此即滤层膨胀率。滤层膨胀率可直观反映反冲洗强度,一般取 $20\%\sim50\%$。

3.反冲洗强度

反冲洗强度即单位滤池面积的通流量,单位为 $L/(m^2 \cdot s)$。反冲洗强度和反冲洗时间直接影响着反冲洗效果。

滤层中污泥清洗不净,可能导致滤料结块,过滤效果不好。

反冲洗强度与滤料粗细、轻重和水温等因素有关。石英砂和无烟煤(较轻)的,反冲洗强度通常分别为 $15\sim18$ $L/(cm^2 \cdot s)$ 和 $10\sim12$ $L/(m^2 \cdot s)$。

一般在反冲洗时通入压缩空气擦洗,以提高清洗效果。擦洗时,一般设备水位控制在滤料层上面 200 mm 处,擦洗强度为 $10\sim20$ $L/(m^2 \cdot s)$,时间取 $3\sim5$ min。

4.水流均匀性

过滤和反冲洗时,都要求水流尽可能均匀。进水管上的挡板保证进水的均匀性。配水系统(或称排水系统,反冲洗时用于进水)对水流均匀性影响最大,其分为小阻力、中阻力和大阻力 3 类。

小阻力配水系统:水头损失 <0.5 m,配水均匀,本身阻力小,但滤层阻力较大。运行和滤料分布的局部细小因素就可能导致阻力和流速不均,故稳定性较差。

大阻力配水系统:水头损失 >3 m,系统孔隙面积小,阻力较大,阻力分布中滤层和管道所占比例较小。只要配水系统孔隙分布合理,即可基本保证水流均匀,故稳定性较好。

中阻力配水系统:其阻力和性能介于上述两者之间。

重力式滤池通常选择小阻力配水系统,要求其配水不均匀性不大于 5%。

5.滤池滤料的结块

滤池滤料结块的原因是反冲洗不彻底,或原水水质变化等造成滤料中积累了污泥、油泥或微生物及其排泄物,并与滤料黏结成块。

滤料结块的消除方法如下。

①加强反冲洗。采用强度＋时间＋压缩空气擦洗,针对轻度结块。

②卸出滤料人工清洗。

③碱洗。针对油泥结块,把 NaOH 或 Na_2CO_3 溶液注入滤池静泡或进行循环冲洗。

④酸洗。针对滤料上的重金属沉淀,一般使用盐酸,注意设备防腐(加缓冲剂)和滤料对盐酸的稳定性。

⑤氯清洗。针对微生物和有机物生长而致的结块。投加漂白粉和次氯酸钠,使水中活性氯达到 $40\sim50$ mg/L,通过滤层,待排水中有氯嗅味时,停止排水并静泡 $1\sim2$ d,杀死有关微生物后,再反冲洗。

为提高清洗效果,上述方法可几种结合使用。

6.单层滤料和多层滤料

滤床粒径排列如图 3-23 所示。单层滤料只有一种滤料,多层滤料是多种滤料的分层聚集。

(1)单层滤料 反冲洗后颗粒分布上小下大,过滤主要依赖滤料表面形成的一层滤膜。滤膜会加大阻力,同时下部滤层的过滤功能也没得到充分发挥,因此,单层滤料的运行周期短,截污能力差。

(2)双层滤料 其上层滤料密度小、颗粒大,下层滤料则恰好相反,如无烟煤在上、石英砂在下。双层滤料的粒径呈上大下小分布,破坏了滤层表面滤膜的形成,下层滤料的截污能力得以发挥,因而其压降增加慢,截污能力强,运行周期长,滤速可适当提高。

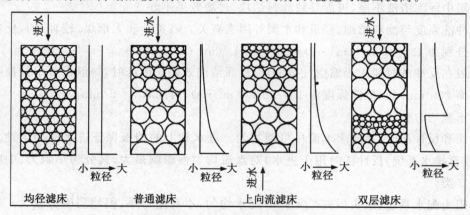

图 3-23 滤床粒径排列图

双层滤料间分层不好,则不利于过滤。但滤料间的混杂无法避免,一般认为混杂厚度为 $5\sim10$ cm 是可以的,关键是其粒度和密度(材料)的选择。实际应用中,双层滤料的粒度和反冲洗强度可实验确定,反冲洗强度一般为 $13\sim15$ L/(m² · s)。

(3)多层滤料:多层滤床的粒径配比为上大下小的状态,有利于过滤过程,使滤料的截污能力得以充分地发挥。此外,滤层下部滤料粒径小,其表面积较大,防止杂质穿透的能力强,从而保证滤水水质。

使用多层滤料时,要注意不同颗粒大小的级配和冲洗强度。级配要做到反冲洗后不同滤料分层良好,否则不同滤料混杂便会丧失多层滤料的优点。

(二)日常维护

1.运行前的准备工作

①清除滤池内杂质,检查滤料级配是否合格,滤料面是否平整,厚度是否足够(初铺滤料要比设计厚度多 5 cm 左右)。

②检查各管道阀门是否正常。

③滤池初次投入运行或更换滤料、添加滤料时,应对滤池反复冲洗,直至滤料清洁,同时洗去不合规格的细小颗粒。另外,运行前应对滤料进行消毒处理。消毒剂可使用氯水或漂白粉,投加量按有效氯 $0.05 \sim 0.010 \ kg/m^3$ 滤料计算。

2.试运行

①测定出滤时的水头损失和滤速,并用出水阀门进行调节。初始水头损失 $0.4 \sim 0.6 \ m$,滤速应符合设计要求。

②如果进水浊度满足设计要求(不大于 10 度),而滤池水头损失增长很快,运行周期比设计要求短很多,则可能是滤料太细或级配不合格,可将滤料表面细砂除去 3 cm 左右。

③如果进水浊度不大于 10 度,而出水浊度超过 3 度,则可能是滤料粒径太大,或者厚度不足,或者是滤速太高等原因引起杂质穿透。对不同情况,应采取相应措施。

④试运行的 $3 \sim 6$ 个月,应记录每一滤池性能实测参数,包括滤料含污量、滤速、冲洗强度与耗水量、过滤水量、周期、滤料膨胀度等,以核实性能状况。

3.检修

确立滤池运转中日常与定期巡检、重点检查及大修检查事项见表3-12。

表 3-12　重力敞开式滤池运转中日常与定期巡检、重点检查及大修检查事项

内容	周期
1.日常巡检事项	
(1)检测/记录滤池内进水水位	每 $1 \sim 2 \ h$
(2)检测/记录过滤水量、过滤速率、水头损失、过滤周期	每周
(3)检测/记录过滤进水、出水水质,包括浊度、pH、碱度、色度、余氯	每 $1 \sim 2 \ h$
(4)冲洗滤池水量、冲洗强度、冲洗历时检测	每周
(5)洗净状况监察:滤池膨胀率、滤料逃逸	每周或每月
(6)洗净后排水浊度测定	每次反冲洗时观察,并取样测浊度
(7)各式阀门的运转、操作情况	运转时观察
2.重点检查事项	
(1)四周池壁、水槽、排水槽上的黏附物状况	每 $2 \sim 6$ 个月
(2)滤料层检查	每月
(3)承托层有无移动	表面巡检
(4)滤速调节装置检修,计测仪、水头损失仪等动作状态	正常每 6 个月至 1 年
(5)水位计、流量计等仪表检验、修理	每 3 个月至 1 年
(6)冲洗水泵、真空泵检修	每 3 个月至 1 年
(7)排水系统检修	6 个月

续表3-12

内容	周期
3.定期大检修事项	
(1)滤池大清扫	每2～6个月
(2)滤料补充	每减少10％要增加
(3)表面冲洗装置	每1～3年
(4)空气源设备	每年
(5)水泵增压泵、机电设备	每年

(三)异常现象、原因及对策

过滤工艺中的异常现象、原因及对策见表3-13。

表3-13　过滤工艺中的异常现象、原因及对策

异常现象	原因及对策
水头损失增加很快,运行周期大大缩短	原水水质变坏,藻类繁殖,胶体物增多,沉淀出水浊度过高,滤速过大,空气滞留滤层等。采取措施,根据不同原因采取不同处理方法。藻类繁殖、胶体物增多可在滤前加氧化剂(加氯);沉淀出水浊度高,可提高沉淀效率;滤速过大者,可降低滤速;滤层中有气体的,可检查排气阀是否失灵,进水是否夹气,滤料层露出水面时是否已对滤料层排气等
水头损失增加很慢,滤后水浊度不合格	由于滤层冲洗不干净,滤层表面形成"泥毡",滤层内部有泥球,过滤时产生裂缝,造成浑水从裂缝中流出。采取措施,可改进冲洗方法,增大冲洗强度和冲洗时间,增加表面冲洗装置,更换表面滤料等
水头损失增加正常,滤后水浊度不合格	沉淀出水浊度太高或滤速过大。采取措施:沉淀出水浊度高时,提高混凝效果,降低沉淀出水浊度;滤速过大者,可降低滤速

四、V型滤池

V型滤池是快滤池的一种形式,因为其进水槽形状呈V字形而得名,又称均粒滤料滤池(其滤料采用均质滤料,即均粒径滤料)、六阀滤池(各种管路上有6个主要阀门)。V型滤池采用了较粗、较厚的均匀颗粒的石英砂滤层,采用了不使滤层膨胀的气、水同时反冲洗兼有待滤水的表面扫洗;采用了专用的长柄滤头进行气、水分配等工艺。它具有出水水质好、滤速高、运行周期长、反冲洗效果好、节能和便于自动化管理等特点。

(一)工艺原理

1.过滤过程

待滤水由进水总渠经进水阀和方孔后,溢过堰口再经侧孔进入被待滤水淹沿的V型槽,分别经槽底均匀的配水孔和V型槽堰进入滤池。被均质滤料滤层过滤的滤后水经长柄滤头流入底部空间,由方孔汇入气、水分配管渠,再经管廊中的水封井、出水堰、清水渠流入清水池。

2.反冲洗过程

关闭进水阀,但有一部分进水仍从两侧常开的方孔流入滤池,由 V 型槽一侧流向排水渠一侧,形成表面扫洗。而后开启排水阀将池面水从排水槽中排出直至滤池水面与 V 型槽顶相平。反冲洗过程常采用"气冲→气、水同时反冲→水冲"3 步。

(1)气冲 打开进气阀,开启供气设备,空气经气、水分配渠的上部小孔均匀进入滤池底部,由长柄滤头喷出,将滤料表面杂质擦洗下来并悬浮于水中,被表面扫洗水冲入排水槽。

(2)气、水同时反冲 在气冲的同时启动冲洗水泵,打开冲洗水阀,反冲洗水也进入气、水分配渠,气、水分别经小孔和方孔流入滤池底部配水区,经长柄滤头均匀进入滤池,滤料得到进一步冲洗,表面扫洗仍继续进行。

(3)水冲 停止气冲,单独水冲,表面扫洗仍继续,最后将水中杂质全部冲入排水槽。

(二)工艺特点

V 型滤池不仅可以节水、节能,还能提高水质,增大滤层的截污能力,延长工作周期,提高产水量。而 V 型滤池过滤能力的再生,就采用了先进的气、水反冲洗兼表面扫洗这一技术。因此滤池的过滤周期比单纯水冲洗的滤池延长了 75% 左右,截污水量可提高 118%,而反冲洗水的耗量比单纯水冲洗的滤池可减少 40% 以上。滤池在气冲洗时,由于用鼓风机将空气压入滤层,因而从以下几方面改善了滤池的过滤性能。

①压缩空气的加入增大了滤料表面的剪力,使得通常水冲洗时不易剥落的污物在气泡急剧上升的高剪力下得以剥落,从而提高了反冲洗效果。

②气泡在滤层中运动产生混合后,可使滤料的颗粒不断涡旋扩散,促进了滤层颗粒循环混合,由此得到一个级配较均匀的混合滤层,其孔隙率高于级配滤料的分级滤层,改善了过滤性能,从而提高了滤层的截污能力。

③压缩空气的加入,气泡在颗粒滤料中爆破,使得滤料颗粒间的碰撞摩擦加剧,在水冲洗时,对滤料颗粒表面的剪切作用也得以充分发挥,加强了水冲清污的效能。

④气泡在滤层中的运动,减少了水冲洗时滤料颗粒间相互接触的阻力,使水冲洗强度大大降低,从而节省冲洗的能耗。

(三)工艺优缺点

1.V 型滤池的工艺优点

①V 型滤池采用恒液位、恒滤速的重力流过滤方式,滤料上有足够的水深(1～1.2 m),以保持有效的过滤压力,从而保证过滤介质的各个深度均不产生负压。

②滤料采用较大的有效粒径和较厚的砂滤层,能使污物更深地渗入过滤介质中,充分发挥滤料的截污能力,从而截污能力强,截污量大,并延长过滤周期。

③先进的气-水联合反冲洗工艺,可防止滤床膨胀和滤砂的损失。单独气冲洗时,压缩空气的加入增大了滤料表面的剪力,从而使得通常水冲洗时不易剥落的污物在气泡急剧上升的高剪力下得以剥落。气、水联合反冲洗时,气泡在颗粒滤料中爆破,使得滤料颗粒间的碰撞摩擦加剧,同时加入水冲洗时,对滤料颗粒表面的剪切作用也得以充分发挥,加强了水冲清污的效能。气泡在滤层中的运动,减少了水冲洗时滤料颗粒间相互接触的阻力,使水冲强度大大降低,从而节省了冲洗的能耗和水耗。

④均质的滤料,加上气-水联合反冲洗工艺,能避免滤床形成水力分级。气泡在滤层中运动产生混合后,可使滤料的颗粒不断涡旋扩散,促进了滤层颗粒循环混合,由此得到一个级配较均匀的混合滤层,其孔隙率高于级配滤料的分级滤层,改善了过滤性能,从而提高了滤层的截污能力。

⑤在整个气-水反冲洗过程中,持续进行表面扫洗,可以快速地将杂质排出,从而减少反冲洗时间,节省冲洗的能耗,大大减少了冲洗水量。更重要的是,持续表面扫洗所消耗全部或部分的待滤水,使得在此期间同一滤池组的其他滤池的流量和流速不会突然增加或仅有一点增加,不会造成冲击负荷,滤池出水调节阀也不需要频繁调节。

⑥冲洗后滤池的过滤是通过缓慢升高水位的方法重新启动的,滤池冲洗后重新启动时间 10～15 min,使滤床得到稳定,确保初滤水的水质。

⑦反冲洗的排水系统简单,施工方便,省去了为排水均匀而设的众多集水槽。

⑧自动化程度高,控制系统成熟,管理方便。

2. V 型滤池的工艺缺点

①V 型滤池池型结构相对复杂得多,尤其是配水配气系统精度要求高,新建时增加施工难度。

②配水、配气系统复杂,V 型滤池增加了供气设备,提高了基建投资,增加了维修工作量。

③反冲洗时滤料有向排水堰方向漂移的现象,影响了滤池的正常工作,需定期平整。

④V 型滤池的单池面积平均比普通滤池单池面积大,但因中间的排水槽占了很大一部分面积而并未充分利用,导致实际过滤面积比单池面积小。

(四)注意事项

对 V 型滤池过滤和再生的自动控制是滤池正常生产运行的保障。生产中采用了可编程序控制器和工业电脑(PLC＋IPC)组成的实时多任务集散型控制系统,对滤池的过滤和反冲洗实行控制。

1. 过滤控制

在滤池的相应部位安装了水位传感仪、水头损失传感器。滤池的过滤就是通过它们测出滤池的水位和水头损失,将水位值及滤后水阀门的开启度送入每一个 PLC 柜中安装的一块专用模块,调整模块就可以调整阀门的开启度,使滤池达到进出水平衡,从而实现恒水位、恒滤速的自动过滤。

2. 反冲洗控制

一组滤池的反冲洗由一台公用的 PLC 来控制。当过滤达到过滤周期或滤池压差(水头)设定值时,滤池提出反冲洗请求,PLC 根据滤池的优先秩序,组成一个请求反冲洗队列。一旦响应某格滤池的请求,PLC 即实施反冲洗的整个过程。在一组滤板中,不允许两格滤池同时进行反冲洗。当一格滤池正在反冲洗时,其他滤池请求反冲洗的信号将存入公用的PLC 中,然后再按存储秩序,对滤池依次进行反冲洗。

当滤池反冲洗时,公用 PLC 的控制过程是:①关闭待滤水进水阀,当滤池水位下降到洗砂排水槽顶时,关闭滤后水控制阀,打开反冲洗排水阀。②启动鼓风机,5 s 后打开滤池反冲洗气阀,对滤池进行 1 min 气预冲。③打开反冲洗水阀,启动反冲洗水泵,进行 7 min 的气、水同时反冲洗。④关闭反冲洗气阀,5 s 后停鼓风机,打开空气隔膜阀排气,进行 5 min 清水反冲漂洗后,停反冲水泵。⑤5 s 后关闭水反冲洗阀,然后关闭反冲洗排水阀,打开待滤水进水阀,滤池恢复过滤。整个反冲洗过程历时约 25 min。

另外,PLC 还能控制滤池的开启个数。它根据滤池进水流量确定滤池的开启个数,按"先停先开,先开先停"的原则确定某格滤池的开、停。

【问题与讨论】

1.什么叫滤料的"有效粒径"和"不均匀系数"? 不均匀系数过大对过滤和反冲洗有何影响?

2."均质滤料"的含义是什么? 它的不均匀系数是否等于 1?

3.滤料承托层有何作用? 粒径级配和厚度如何考虑?

4.大阻力配水系统和小阻力配水系统的含义是什么? 各有何优缺点? 小阻力配水系统有哪些形式?

任务四 消毒工艺

知识点:1.掌握消毒基本原理及主要影响因素。
　　　　2.掌握折点加氯各阶段特点,分析余氯成分构成。
　　　　3.熟知其他消毒方法。

技能点:1.能通过折点加氯试验,绘制需氯曲线、计算加氯量、需氯量。
　　　　2.能针对水质特点选择不同类型消毒方法。
　　　　3.能正确进行消毒池日常运作,排除运行故障。
　　　　4.能正确进行工作曲线线性相关性分析。

数字资源 3-7
消毒工艺任务实施

数字资源 3-8
消毒工艺相关知识

【任务背景】

生活饮用水的消毒是最基本的水处理工艺,它是保证用户安全用水必不可少的措施之一。联合国环境和发展机构指出,人类约有 80% 的疾病与细菌感染有关,其中 60% 以上的疾病是通过饮用水传播的,80% 的人类疾病与 50% 的儿童死亡率与饮用水的水质有关。据世界卫生组织统计,全球约有 10 亿人不能得到洁净的饮用水,人类要把平均高达 1/10 可用于生产的时间消耗在与水有关的疾病上。

天然水由于受到生活污水和工业废水的污染而含有各种微生物,其中包括能致病的细菌性病原微生物和病毒性微生物,它们大多黏附在悬浮颗粒上。水经过混凝沉淀过滤处理后,可以去除大多数病原微生物,但还是难以达到生活饮用水的细菌学指标。我国饮用水标准规定:细菌总数不超过 100 个/mL,大肠菌群不得检出。

【任务实施】

一、准备工作

所需检验项目	折点加氯消毒		
所需设备	折点加氯消毒设备 1 台	水箱或水桶 1 个,能盛水几十升	
所需玻璃器皿(规格及数量)	20 L 玻璃瓶,1 个	50 mL 比色管,20 根	100 mL 比色管,40 根
	1 mL 及 5 mL 移液管	10 mL 量筒	1 000 mL 量筒
所需其他备品	玻璃棒	温度计	50 mL 量筒
团队分工	物品准备员: 记录员: 检验员: 监督员:		

二、测定要点

(一)所需试剂及配制

1.浓度 1% 的氨氮溶液 100 mL

称取 3.819 g 干燥过的无水氯化铵(NH_4Cl)溶于不含氨的蒸馏水中稀释至 100 mL,其氨氮浓度为 1%(10 g/L)。

2.浓度 1% 的漂白粉溶液 500 mL

称取漂白粉 5 g 溶于 100 mL 蒸馏水中调成糊状,然后稀释至 500 mL 即得。其有效氯含量约为 2.5 g/L。

3.水样制备

取自来水 20 L,加入 1% 浓度氨氮溶液 2 mL,混匀,即得实验用原水,其氨氮含量约 1 mg/L。

(二)进行折点加氯实验

①测原水水温及氨氮含量(采用纳氏试剂分光光度法)并记录。

②测漂白粉溶液中有效氯的含量。取漂白粉溶液 1 mL,用蒸馏水稀释至 500 mL,测余氯量并记录。

③在 12 个 1 000 mL 烧杯中盛原水 1 000 mL。

④当加氯量分别为 1,2,4,6,7,8,9,10,12,14,17,20 mg/L 时,计算 1% 浓度漂白粉溶

液的投加量(mL)。

　　⑤在 12 个(编号:1,2,…,12)盛有 1 000 mL 原水的烧杯中,依次投加 1‰浓度的漂白粉溶液,其投加量分别为 1,2,4,6,7,8,9,10,12,14,17,20 mg/L,快速混匀,2 h 后立即测各烧杯水样的游离氯、化合氯及总氯的量。各烧杯水样测余氯方法相同,均采用《水质　游离氯和总氯的测定 N,N-二乙基-1,4 苯二胺分光光度法》(HJ 586—2010)中的比色法。

三、实施记录

实施记录单

任务		检验员		时间	
一、器材准备记录					
数量记录:					
异常记录:					
不足记录:					
二、操作记录					
操作中违反操作规范、可能造成污染的步骤:					
操作步骤有错误的环节:					
操作中器材使用情况记录(是否有浪费、破损、不足):					

三、原始数据记录

原水水温/℃				氨氮含量/(mg/L)				漂白粉溶液含氯量/(mg/L)				
水样编号	1	2	3	4	5	6	7	8	9	10	11	12
漂白粉溶液投加量/mL												
加氯量/(mg/L)												
比色测定结果/(mg/L) ρ_1												
ρ_2												
ρ_3												
余氯计算 总余氯($D=\rho_2-\rho_3$)/(mg/L)												
游离性余氯($E=\rho_1-\rho_3$)/(mg/L)												
化合性余氯($D-E$)/(mg/L)												

注:表中 ρ_1 表示游离余氯质量浓度,mg/L;ρ_2 表示总氯质量浓度,mg/L;ρ_3 表示测定氯化锰和六价铬干扰时相当于氯的质量浓度,mg/L。

折点加氯曲线绘制

四、成果评价

考核评分表

序号	作业项目	考核内容	分值	操作要求	考核记录	扣分	得分
一	仪器调校 （10分）	仪器预热	5	已预热			
		波长正确性、吸收池配套性检查	5	正确			
二	溶液配制 （15分）	比色管使用	5	正确规范（洗涤、试漏、定容）			
		移液管使用	5	正确规范（润洗、吸放、调刻度）			
		显色时间控制	5	正确			
三	仪器使用 （30分）	比色皿使用	5	正确规范			
		调"0"和"100"操作	5	正确规范			
		波长选择	5	正确			
		测量由稀到浓	5	是			
		参比溶液的选择和位置	5	正确			
		读数	5	及时、准确			
四	数据处理和实训报告 （40分）	需氯曲线绘制	15	合格			
		准确度	15	正确、完整、规范、及时			
		工作曲线线性	0	＜0.99　差			
			4	0.99～0.999　一般			
			8	0.999 1～0.999 9　较好			
			10	＞0.999 9　好			
五	文明操作结束工作 （5分）	物品摆放整齐，仪器结束工作	5	玻璃仪器清洗，倒置控干；台面无杂物或水迹，废纸、废液不乱扔、乱倒，仪器结束工作完成良好			
六	总分						

【相关知识】

一、饮用水水质标准中的生物控制指标

水中的致病微生物有很多种，这些微生物的浓度很低，测定手续复杂费时，工作人员还有被感染传播的危险，因此在实际水质检验中常用具有一定代表性的指示生物指标来衡量饮用水的消毒效果。常用的指示微生物有总大肠菌群、粪大肠杆菌、埃希氏大肠杆菌等。这些微生物一般对人体无害，只是在病原体存在的地方也存在，数量大于病原体的数量，并且

对水处理消毒的耐受性比病原体强,检验也方便快捷。

如果取水水源中没有检测到这些指示微生物,就可以理解为水源没有受到粪便病原体污染。但是,在饮用水消毒中,由于消毒灭活各类微生物要求的消毒剂浓度值以及杀灭作用时间不同,病原体的生存规律也和大肠菌不是完全相同,因此大肠菌作为饮用水生物安全性的控制指标实际上并不全面。因此,在饮用水水质分析中通常是用浊度、pH、消毒剂接触时间及剩余浓度等指标与指示微生物检验结果综合做出判断。

在我国 2006 年新颁的《生活饮用水卫生标准》GB 5749—2006 中规定,饮用水消毒后的微生物控制指标为:浊度≤1 NTU;接触 30 min 后,氯消毒余氯≥0.3 mg/L,二氧化氯余氯≥0.1 mg/L;细菌≤100 CFU/100 mL(国家建设部《城市供水水质标准》CJ/T 206—2005 中规定细菌≤80 CFU/100 mL);总大肠菌群(MPN/100 mL)不得含有。

二、氯消毒的原理

(一)氯消毒原理的几种观点

①氯具有较强的杀菌能力,主要是依靠水解产生的次氯酸,化学分解式为:

$$Cl_2 + H_2O \longrightarrow HClO + H^+ + Cl^-$$

次氯酸很不稳定,极易分解出新生态氧:

$$HClO \longrightarrow HCl + [O]$$

新生态氧是很强的氧化剂,可以杀死水中的细菌。

②原生质的直接氧化,会损伤细胞膜、破坏膜的渗透压。

③氯渗透到细胞内部,与细胞的蛋白质、氨基酸反应生成稳定的氮-氯键结构,改变和破坏原生质。例如,氯与类酯-蛋白质结合形成有毒的化合物,氯与 RNA 结合,次氯酸与菌体蛋白和酶蛋白中的氨基、硫氢基等反应而达到杀菌作用。氯还能抑制细胞体内的呼吸氧化酶,使酶系统失活。

④物理化学消毒作用。但是此观点不能解释细菌、孢子、芽孢、病毒等呈现的不同抵抗力和突变现象。

⑤对于病毒的灭活作用,有观点认为是高浓度的氯作用于病毒核酸的结果。这种观点认为化学药剂杀菌的过程理论上分为 2 步:一是穿透细胞壁,二是与细胞中的酶反应。

(二)投氯量与余氯量

次氯酸和次氯酸根均有消毒作用,但前者消毒效果较好。因为细菌表面带负电,而 HClO 是中性分子,可以扩散到细菌内部破坏细菌的酶系统,妨碍细菌的新陈代谢,导致细菌的死亡。如果水中没有细菌、氨、有机物和还原性物质,则投加在水中的氯全部以自由氯形式存在,即余氯量＝加氯量。

由于水中存在有机物及相当数量的氨氮化合物,它们性质很不稳定,常发生化学反应逐渐转变为氨,而氨在水中是游离状态或以铵盐形式存在的。所以加氯后,氯与氨必生成"化合性"氯,同样也起消毒作用。根据水中氨的含量、pH 高低及加氯量多少,加氯量与剩余氯量的关系将出现 4 个阶段,即 4 个区间,如图 3-24 所示。

第一区 OA 段：表示水中杂质把氯消耗光，余氯量为零，消毒效果不可靠。

第二区 AH 段：加氯量增加后，水中有机物等被氧化殆尽，出现化合性余氯，反应式为：

$$NH_3 + HClO \Longleftrightarrow NH_2Cl + H_2O$$

$$NH_2Cl + HClO \Longleftrightarrow NHCl_2 + H_2O$$

若氨与氯全部生成 NH_2Cl，则投加氯气的用量是氨的 4.2 倍，水中 pH < 6.5 时主要生成 $NHCl_2$。

第三区 HB 段：投加的氯量不仅生成 $NHCl_2$、NCl_3，同时还发生下列反应：

$$2NH_2Cl + HClO \longrightarrow N_2 \uparrow + 3HCl + H_2O$$

结果使氨氮被氧化生成一些不起消毒作用的化合物，余氯逐渐减少，最后到最低的折点 B。

第四区 BC 段：继续增加加氯量，水中开始出现自由性余氯。加氯量超过折点时的加氯称为折点加氯或过量加氯。

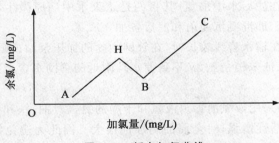

图 3-24 折点加氯曲线

三、运转方法

(一)消毒常见方法

1.普通氯化消毒法

普通氯化消毒法是指当水中需氯量较低，且基本无氨（< 0.3 mg/L）时，加入少量氯即可达到消毒目的一种消毒法。此法产生的主要是游离性余氯，所需接触时间短，效果可靠；但要求水源污染较轻，且基本无酚类物质（氯能与酚形成有嗅味的氯酚）；游离性余氯较不稳定，不易在较长管网中保持至管网末梢。

2.折点氯消毒法

采用超过折点的加氯量，使水中形成适量的游离性余氯，称为折点氯消毒法。此法的优点是：消毒效果可靠，能明显降低锰、铁、酚和有机物含量，并具有降低嗅味和色度的作用。缺点是：耗氯多，因而有可能产生较多的氯化副产物三卤甲烷；需事先求出折点加氯量，比较麻烦，有时水样折点不明显；会使水的 pH 过低，故必要时尚需加碱调整。

3.氯胺消毒法

在水中加入氨（液氨、硫酸铵或氯化铵），则加氯后生成一氯胺和二氯胺，这种方法为氯胺消毒法。氨与氯的比例应通过试验确定，其范围一般为 1 : 3 ~ 1 : 6。此法的优点是：三卤甲烷类物质的形成明显较普通氯化法低；如先加氨后加氯，则可防止氯酚臭，化合性余氯较稳定,在管网中可维持较长时间,使管网末梢余氯得到保证。缺点是:氯胺的消毒作用不如次氯酸强,要求保证足够长的接触时间(2 h)和较高的余氯量(1～2 mg/L),因此接触时间长,费用较贵;需加氨且操作复杂;对病毒的杀灭效果较差。

4.过量氯消毒法

当水源受有机物和细菌污染较严重时,或在野外工作、行军等条件下,需在短时间内达到消毒效果时,可加过量氯于水中,使余氯达 1～5 mg/L。消毒后的水需用亚硫酸钠、亚硫酸氢钠、硫代硫酸钠或活性炭脱氯。

(二)加氯环节和加氯设备

1.加氯地点

在水的净化处理流程中,加氯环节可选择以下 3 处。

(1)滤前加氯　指在混凝沉淀前加氯,其主要目的在于改良混凝沉淀和防止藻类生长,但易生成大量氯化副产物。

(2)滤后加氯　指在滤后水中加氯,其目的是杀灭水中病原微生物,是最常用的消毒方法。也可采取二次加氯,即混凝沉淀前和滤后各加一次氯。

(3)中途加氯　指在输水管线较长时,在管网中途的加压泵站或贮水池泵站补充加氯的方法。采用此法既能保证末梢余氯,又不致使水厂附近的管网水含余氯过高。

2.加氯设备

大中型水厂一般均采用液氯消毒。液氯和干燥的氯气对铜、铁和钢等金属没有腐蚀性,但遇水或受潮时,化学活性增强,对金属的腐蚀性很大。因此为避免氯瓶进水,氯瓶中的氯气不能直接用管道加入水中,而是必须经过加氯机后投加。氯的投加设备种类很多,常用的有真空加氯机和转子加氯机。

真空加氯机上部为一玻璃罩,浸于水盘中,罩内压力较大气压低。液氯钢瓶内的氯经减压汽化后吸入玻璃罩内,由另一管孔通往水射器,与压力水混合后送至加氯点。转子加氯机钢瓶内氯气先进入旋风分离器,除去铁锈、油污后再经弹簧膜阀、控制阀到转子流量计和中转玻璃罩,在水射器抽吸下,氯与压力水混合并溶解,氯浓度大于 1%,经加氯管道送往加氯点。加氯点应选在无压的管渠内。

近年来,国内一些水厂引进了国外较先进的真空加氯系统,可根据原水流量以及加氯后的余氯量进行自动运行。小水厂可用漂白粉消毒。所用漂白粉其有效氯应达到 25%。调制和投加漂白粉溶液桶应有两个,以便轮流使用。溶液桶内可配成浓度 1%～2%的漂白粉澄清液备用。有的水厂也采用漂白粉精片或次氯酸钠进行消毒。

四、维护管理

(一)影响因素

氯化消毒的效果受下列各因素的影响:加氯量、接触时间、pH、水温、水的浊度和微生物的种类及数量。

1.加氯量

用氯及含氯化合物消毒饮用水时,氯不仅与水中细菌作用,还要氧化水中的有机物和还原性无机物,其需要的氯的总量称为"需氯量"。为保证消毒效果,加氯量必须超过水的需氯量,使在氧化和杀菌后还能剩余一些有效氯,称为"余氯"。一般要求氯加入水中后,接触30 min,水中至少应保持游离性余氯 0.3 mg/L。在配水管网末梢,游离性余氯不应低于0.05 mg/L。余氯分为游离性余氯和化合性余氯两种,游离性的如 HClO、ClO⁻ 和 Cl_2;化合性的如 NH_2Cl 和 $NHCl_2$。前者杀菌力较强,后者杀菌力较弱。

2. 接触时间

氯加入水中后,必须保证与水有一定的接触时间,才能充分发挥消毒作用。用游离性有效氯(HClO 和 ClO⁻)消毒时,接触时间应至少 30 min,游离性余氯达 0.3～0.5 mg/L;采用氯胺(指 NH_2Cl 和 $NHCl_2$)消毒时,接触时间应在 1～2 h,化合性余氯达 1～2 mg/L。

3. 水的 pH

次氯酸是弱电解质,其离解程度取决于水温和水的 pH。当 pH<5.0 时,HClO 呈100%形式存在于水中。随着 pH 的增高,HClO 逐渐减少而 ClO⁻ 逐渐增多。pH 在 6.0时,HClO 在 95%以上;pH>7.0 时,HClO 含量急剧减少;pH=7.5 时,HClO 和 ClO⁻ 大致相等;pH>9 时,ClO⁻ 接近 100%。根据对大肠杆菌的实验,HClO 的杀菌效率比 ClO⁻ 高约 80 倍。因此,消毒时应注意控制水的 pH,不要太高,以免生成 ClO⁻ 较多,HClO 较少而影响杀菌效率。用漂白粉消毒时,因同时产生 $Ca(OH)_2$,可使 pH 升高,故当漂白粉因保存不当或放置过久而使有效氯含量低时,消毒效果会受影响。

二氯胺的杀菌效果较一氯胺高,三氯胺则几乎无杀菌作用。它们之间的生成量比例,取决于氨和氯的相对浓度、pH 和温度等因素。一般而言,当 pH>7 时,一氯胺的生成量较多;pH=7.0 时,一氯胺和二氯胺近似相等;pH<6.5 时,主要为二氯胺;三氯胺只有当 pH<4.4 时才存在。

4. 水温

水温高,杀菌效果好。水温每提高 10℃,病菌杀灭率提高 2～3 倍。

5. 水的浊度

用氯消毒时,必须使生成的次氯酸(HClO)和次氯酸根离子(ClO⁻)直接与水中的细菌接触,方能达到杀菌效果。如果水的浊度很高,悬浮物质较多,细菌多附着在这些悬浮颗粒上,则氯的作用达不到细菌本身,使杀菌效果降低。这说明了消毒前混凝沉淀和过滤处理的必要性。悬浮颗粒对消毒的影响,因颗粒性质、微生物种类而不同。如黏土颗粒吸附微生物后,对消毒效果影响甚小;而粪尿中的细胞碎片或污水中的有机颗粒与微生物结合后,会使微生物获得明显的保护作用。病毒因体积小,表面积大,易被吸附成团,因而颗粒对病毒的保护作用较细菌大。

6. 水中微生物的种类及数量

不同微生物对氯的耐受性不尽相同,除腺病毒外,肠道病毒对氯的耐受性较肠道病原菌强。消毒往往达不到 100%的杀灭效果,常以 99%、99.9%或 99.99%的效果为参数。故消毒前若水中细菌过多,则消毒后水中细菌数就不易达到卫生标准的要求。

(二)日常维护管理

1. 空气中氯气含量卫生安全指标

根据 GB 11984—2008《氯气安全规程》,生产、使用氯气的车间(作业场所)及氯场所应设置氯气泄漏检测报警仪,作业场所和储存场所空气中氯气含量最高允许浓度 1 mg/m³。

不同氯气浓度对人体的影响见表 3-14。

表 3-14　不同氯气浓度对人体的影响

氯气浓度/(mg/L)	危害程度
0.02～0.2	最低可检测到的气味,无任何不良反应
1	数小时轻微泄漏迹象,有明显气味,刺激眼、鼻
4	吸入1 h不会产生严重损伤
5	几分钟后呼吸困难、有毒害
15	刺激喉咙
30	引起咳嗽
1 000	迅速致命

生产、储存、运输、使用等氯气作业场所,都应配备应急抢修器材和防护器材并定期维护。常备防护用品见表 3-15。

表 3-15　常备防护用品

名称	种类	常用数	备用数
过滤式防毒用品	防毒面具	与作业人数相同	2 套
	防毒口罩		
呼吸器	正压式空(氧)气呼吸器	与紧急作业人数相同	1 套
防护服 防护手套 防护靴	橡胶或乙烯类 聚合物材料	与作业人数相同	适量

2.液氯气瓶的使用安全

①液氯用户应持公安部门的准购证或购买凭证,液氯生产厂方可为其供氯。生产厂应建立用户档案。

②使用液氯的单位不应任意将液氯自行转让他人使用。

③充装量为 50 kg 和 100 kg 的气瓶,使用时应直立放置,并有防倾倒措施;充装量为 500 kg 和 1 000 kg 的气瓶,使用时应卧式放置,并牢靠定位。

④使用气瓶时,应有称重衡器;使用前和使用后均应登记重量,瓶内液氯不能用尽;充装量为 50 kg 和 100 kg 的气瓶应保留 2 kg 以上的余氯,充装量为 500 kg 和 1 000 kg 的气瓶应保留 5 kg 以上的余氯。使用氯气系统应装有膜片压力表(如采用一般压力表时,应采取硅油隔离措施)、调节阀等装置。操作中应保持气瓶内压力大于瓶外压力。

⑤不应使用蒸汽、明火直接加热气瓶。可采用 40℃ 以下的温水加热。

⑥不应将油类、棉纱等易燃物和与氯气易发生反应的物品放在气瓶附近。

⑦气瓶与反应器之间应设置截止阀、逆止阀和足够容积的缓冲罐,防止物料倒灌,并定期检查以防失效。

⑧连接气瓶用紫铜管应预先经过退火处理,金属软管应经耐压试验合格。

⑨不应将气瓶设置在楼梯、人行道口和通风系统吸气口等场所。

⑩开启气瓶应使用专用扳手。

⑪开启瓶阀要缓慢操作,关闭时亦不能用力过猛或强力关闭。

⑫气瓶出口端应设置针型阀调节氯流量,不允许使用瓶阀直接调节。

⑬作业结束后应立即关闭瓶阀,并将连接管线残存氯气回收处理干净。

⑭使用液氯气瓶处应有遮阳棚,气瓶不应露天曝晒。

⑮空瓶返回生产厂时,应保证安全附件齐全。

⑯液氯气瓶长期不用,因瓶阀腐蚀而形成"死瓶"时,用户应与供应厂家取得联系,并由供应厂家安全处置。

⑰液氯贮罐的使用时,贮罐的贮存量不应超过贮罐容量的80%。

⑱液氯贮罐的使用时,贮罐输入和输出管道,应分别设置两个截止阀门,并定期检查,确保正常。

3.液氯的贮存安全

(1)液氯气瓶贮存安全

①气瓶不应露天存放,也不应使用易燃、可燃材料搭设的棚架存放,应贮存在专用库房内。

②空瓶和充装后的重瓶应分开放置,不应与其他气瓶混放,不应同室存放其他危险物品。

③重瓶存放期不应超过3个月。

④充装量为500 kg和1 000 kg的重瓶,应横向卧放,防止滚动,并留出吊运间距和通道。存放高度不应超过2层。

(2)液氯贮罐的贮存安全

①贮罐区20 m范围内,不应堆放易燃和可燃物品。

②大贮量液氯贮罐,其液氯出口管道,应装设柔性连接或者弹簧支吊架,防止因基础下沉引起安装应力。

③贮罐库区范围内应设有安全标志,配备相应的抢修器材,有效防护用具及消防器材。

④地上液氯贮罐区地面应低于周围地面0.3～0.5 m或在贮存区周边设0.3～0.5 m的事故围堰,防止一旦发生液氯泄漏事故,液氯气化面积扩大。

4.急救和防护用品的管理

①防护用品应定期检查,定期更换。防护用品的放置位置应便于作业人员使用。

②若吸入氯气,应迅速脱离现场至空气新鲜处,保持呼吸道通畅。呼吸困难时给输氧,给予2%～4%碳酸氢钠溶液雾化吸入,立即就医。

5.加氯消毒的优点

饮用水消毒工艺中,氯可以以3种形式进行参与,即氯气消毒、次氯酸消毒、次氯酸钙消毒,这3种消毒方式均可以在水中产生自由氯。

(1)加氯消毒的优点　灭菌能力很强;能够产生防止二次污染的余氯,抑制在输配水管线中产生形成的病菌和生物膜；运行、控制、检测简单；氯的氧化性可以满足预氧化的需要；运行稳定、可靠，是目前性价比最高的消毒方式。

（2）加氯消毒的缺点 加氯消毒会产生卤代烷副产物（如三卤甲烷 THMs、氯乙酸 HAAs）；会把溴化物氧化为溴，并形成溴的有机副产物；对隐孢菌素的灭活能力弱；需要相关化学品的运输和仓储。

直接投加氯气是目前最常使用的消毒方式，氯在储存和运输过程中为液态，在水处理工艺中，常使用 100 磅和 150 磅的钢瓶储存氯，也可以使用吨级氯瓶，一些氯气消耗量较大的消毒系统中甚至使用铁道运输储罐或是槽车运送氯。氯气直接投加的优点：是所有使用氯消毒工艺中投资最低的，化学品的储存寿命长，不易失效。氯气直接投加的缺点：氯气为有毒气体，需要特殊处理，并要进行相应的操作培训。这种消毒方式在使用时的安全性被美国环保署和卫生安全部门所关注。

五、其他消毒方式

1. 次氯酸钠消毒

次氯酸钠，俗称漂白粉，是氯气与氢氧化钠按一定比例制备出来的。次氯酸钠中有效氯在 5%～15%，通常储存在 1 t 或 5 000 加仑的储罐中，由卡车运输。

（1）次氯酸钠消毒方式的优点 溶液毒性小，并且比氯气消毒系统更容易操作；与氯气消毒系统相比，所需的培训少。

（2）次氯酸钠消毒方式的缺点 次氯酸钠易变质；次氯酸钠的投加有增加无机物副产品的可能（如氯酸盐、次氯酸盐和溴酸盐）；次氯酸钠对一些物质有腐蚀作用，相对于其他溶液不易储存，化学药剂的费用较氯气高。

2. 次氯酸钙消毒

次氯酸钙是另一种可以产生氯的化学消毒方式，主要应用于小型水消毒工艺中。干燥的次氯酸钙化学品中含有 65% 左右的有效氯，用户通常可以买到粒状或片状的药品。

（1）次氯酸钙消毒方式的优点 比次氯酸钠稳定，储存寿命长；人员培训时间较传统的加氯消毒方式少。

（2）次氯酸钙消毒方式的缺点 干化学品处理较次氯酸溶液复杂，溶解后形成的沉淀物为投加带来了不便；药剂的费用高于氯气；处理不当会爆炸并引发火灾；有增加无机物副产品的可能（如氯酸盐、次氯酸盐和溴酸盐）。

近年来，一些市政水消毒工艺中安装了现场的次氯酸盐发生器，使用电解单元和盐水制备浓度较低的次氯酸盐溶液（<0.8%）。现场制备次氯酸钠的优点：化学品的存储运输量大大减少。但其缺点也很多：工艺较复杂，在系统的运行和维护上需要人员掌握较多的专业知识并具备相当的操作水平；一次性投资较高，运行成本比直接投加次氯酸要高；需要对盐的质量精心控制，在电解出次氯酸盐时，产生的副产物难于检测和控制，备用系统复杂且投资较大。

3.氯胺消毒

氯胺是由氯和氨按一定比例混合而成的化合物,由于氯胺的消毒效果较弱,故它很少作为消毒系统中的主工艺。但氯胺持续灭菌的能力很强,因此经常与其他消毒方式配合使用,多用于长途的输配水管线中。氯胺可以在维持灭菌效果的同时避免副产物的产生,在消毒工艺中也可以祛除水在味觉和嗅觉上对人的刺激。

(1)氯胺消毒的优点　减少了三卤甲烷(THMs)和氯乙酸(HAAs)的产生;不会把溴化物氧化为溴而产生溴化副产物;持续消毒过程中比余氯更加稳定;二次消毒中效果非常好,比余氯有更好的持续灭菌作用;有效地降低水中不良的味觉和嗅觉影响。

(2)氯胺消毒的缺点　消毒效果和氧化效果相对较弱;在加氯的同时还要同时投加控制氨的化合物;对鱼有毒害作用,有可能危及水产养殖业主的利益;如果在进入人体前没有清除,会对人体肾的透析作用造成影响;如果在使用前没有完全清除,在电解制液氯的过程中会产生三氯化氮,从而引起液氯使用过程中的危险。

4.二氧化氯消毒

二氧化氯是一种强氧化剂,其氧化能力为氯气的27倍,有效氯的含量是氯气的2.6倍。

二氧化氯通常都是在现场制备的。二氧化氯与氯气的性质差异很大。在溶液中,二氧化氯完全溶解在水中,因此,它受pH的影响极小,但易从水中挥发。同时,虽然二氧化氯是一种强消毒剂和选择性的氧化剂,但是它后期残留余量很少,难以满足持续消毒的要求。

(1)二氧化氯消毒的优点　对隐孢子菌的灭活力强;对贾第鞭毛虫这种病原菌的灭活速度是氯的5倍;受pH的影响较小;不会形成卤代甲烷(THMs,HAAs);不会把溴化物氧化为溴(除非在阳光直射的情况下);在消除味觉和嗅觉刺激上,作用比氯明显;针对那些不易被氯氧化的有机物,二氧化氯作用明显;可以去除少量的 S^{2-}、SnO_2^{2+}、AsO_3^{2+},对 Fe^{2+}、Mn^{2+} 也有很好的去除效果。

(2)二氧化氯消毒的缺点　会形成无机副产物(亚硫酸盐,氯酸盐)、剩余药剂易挥发;制备现场需要安装二氧化氯发生器并准备制备原料(如氯、盐酸及亚氯酸钠等);需要操作人员具有较高的技术水平来完成设备的运行和检测;有时候会引发特殊的味觉和嗅觉问题;运行费用高昂。

5.臭氧消毒

臭氧是一种强氧化剂。臭氧化和氯化一样,既起消毒的作用,又起氧化的作用。臭氧的消毒能力和氧化能力都比氯强,是一种广谱消毒剂。

臭氧也是在水处理消毒工艺的现场进行制备和投加的,其制备原理是对干燥的氧或空气进行高压电解。臭氧的消毒效果良好,但它的反应能力强,溶解能力差,故在具体的应用和控制上有一定的难度。为了避免腐蚀和毒性,残留在反应室内的臭氧在排放之前必须破坏掉。在水处理工艺中,臭氧更多的应用于氧化而不是消毒。

(1)臭氧消毒的优点　是现有消毒方式中氧化能力、消毒能力最强的;消毒过程中不会产生卤代甲烷(THMs、HAAs);对隐孢子菌有更强的灭活性;对有机化合物的氧化分解作用明显。

(2)臭氧消毒的缺点　需要操作人员具备较高的技术水平和能力来对臭氧消毒过程进

行控制以及进行日常的维护;不能产生余量以满足持续消毒的要求;会形成溴化副产物和有机副产物;会形成非卤化的副产物;可以分解复杂有机物,但是小的有机物会促进微生物在管网中的生长,在二次消毒中会增加邻苯二甲酸二丁酯(DBP)的形成;无论是在运行还是在一次性投资上都比加氯高很多,在控制和检测方面也比加氯系统复杂,尤其是水质波动较频繁的状态下。

6. 紫外线消毒

紫外线由水银弧光灯发生,为非化学消毒方式。通常我们将波长在 200 nm 以上的光称为紫外线,并根据生物效应的不同,将紫外线按照波长划分为 A,B,C,D 4 个波段。其中水处理消毒主要采用 C 波段紫外线,波长范围为 200～280 nm,微生物细胞中的脱氧核糖核酸及核糖核酸对此波段光波具有最大的吸收。当微生物细胞受到紫外线直接照射时,其体内核酸吸收了紫外线的光能,DNA 及 RNA 分子结构受到破坏,进而使 DNA 无法复制,最终导致细胞死亡,从而达到消毒效果。紫外线消毒是一种不会产生其他副产物的消毒方式。

(1)紫外线消毒的优点　对大多数病毒都有良好的灭活性,如孢子;无须化学药剂的制备、仓储、运输;对隐孢子菌的灭活效果理想,不会产生副产物。

(2)紫外线消毒的缺点　没有确保持续消毒所需要的剩余化学药剂;对一些病毒的灭活能力较弱,如肠弧病毒和轮状病毒;难以检测杀菌效果,一些没有被完全灭活的病菌经过一段时间有可能,恢复活性,对于消毒效果要求高的工艺,还需要使用其他消毒手段配套进行辅助;不能改善水的味觉和嗅觉感官;维护费用与附加投入高;水银灯可能会对饮用水带来毒害作用;在工艺水中悬浮物(SS)超过 30 mg/L 时,灭活能力大大降低,在工艺水浊度大于 5 NTU 或色度大于 15 NTU 时,灭活能力大大降低。

随着新政策的颁布和微生物控制技术的发展,人们对化学处理的安全性和可靠性越来越关注,其他消毒工艺在技术上正渐渐成熟起来,但即使这样,氯气消毒仍将是水质消毒中最常用的手段。消毒是饮用水处理环节中很重要的一个步骤。由于加氯消毒工艺广泛的适用性,其仍然不能被哪一种单一的消毒方式取代。现在还很难证明加氯以外的其他消毒方法可以有效地减少有害副产物的出现,可以说,几乎现有的所有消毒方式都会带来副产物,最好的消除这些副产物的方式就是水在进入消毒工艺前,降低有机物含量。为满足即将出台的全新的水处理要求,针对一些隐孢子菌含量较多的水源进行处理时也许会考虑选用其他的消毒方式(如二氧化氯消毒、臭氧消毒或紫外线消毒),但是绝大多数的水处理厂都希望在达到消毒要求的前提下,不改变原有的处理技术。

只有加氯消毒工艺是唯一的能产生持续消毒效果的消毒工艺,它在控制水引发的疾病中层层防护,是不可替代的消毒方式。世界的领导者越来越认识到安全的饮用水在维护社会稳定发展中所起到的重要作用。由于加氯消毒具备成本低、运行可靠的特点,故无论对于偏远乡村还是繁华都市的饮水系统,其都能满足消毒的要求。

常见的消毒剂见表 3-16。

表 3-16 消毒剂综合表

消毒剂	消毒时间	副产物	投资费用/元	运行费用/元	效果	安全性
氯气	>30 min	氯仿,卤乙酸,卤化烃	70 万	0.02 万	能有效灭菌,但杀灭病毒的能力较差;持久性灭菌效果好	氯气有毒,腐蚀性强,运行管理有一定危险
氯胺	>30 min	卤乙酸,氯化腈			杀灭病毒效果较差,持久性灭菌效果最好	管道腐蚀少于氯消毒
次氯酸钠	>30 min	氯仿,卤乙酸,卤化烃	5 万	0.03 万	能有效灭菌,但杀灭病毒的能力较差;持久性灭菌效果好	比氯气安全,操作管理要求高
二氧化氯	10~20 min	亚氯酸盐,氯酸盐,有机性副产物	45 万	0.04 万	灭菌效果比氯气好	不稳定,有毒性和腐蚀性,只能现场制备,操作管理要求高
臭氧	5~10 min	溴酸盐,醛类,酮类,羧酸	1 100 万	0.1 万	灭菌及杀灭病毒的效果均好,无持续性灭菌效果	有毒,操作管理要求高
紫外线	5~10 s	无	进口 450 万	0.02 万	消毒效果好,快速简便,无持续性消毒效果	
			国产 150 万			

注:以 10 万 t 污水处理厂为例,氯气设备为进口加氯机配制国产氯气中和装置,二氧化氯设备为国产设备,臭氧设备为进口设备,次氯设备酸钠是按照投加商品溶液计算,投资费用货币单位为元,运行费用单位为元/m³。

六、次氯酸钠消毒应用

在所有的消毒剂中,尽管氯气最为经济,但是,由于氯气在运输、存储方面存在安全性问题;而且在投加上气体同水体的溶解性较低,氯气瓶气压不断变化,存在投加计量不够准确的问题;加之,氯气等气体的极强扩散性对环境存在毒害作用,游离氯具有高活性,与许多有机物容易形成诸如三氯甲烷、四氯化碳、二噁英等一类致癌的氯代有机化合物,造成环境的第二次污染,故而取消液氯的主张越来越多,也日益受到人们的关注。在国外,如美国、德国、日本等发达国家就相当限制氯气的使用,尤其是在公用场所和自来水厂,主要使用次氯酸钠液体进行消毒。氯气主要用于大型污水处理中最后的尾水排放消毒。

次氯酸钠是一种非天然存在的强氧化剂。它的杀菌效力比氯气更强,属于真正高效、广谱、安全的强力灭菌、杀病毒药剂,已经广泛用于包括自来水、中水、工业循环水、游泳池水、医院污水等各种水体的消毒和防疫消杀。

由于次氯酸钠溶液不易久存(有效时间大约为 1 年),加之从工厂采购需大量容器,运输烦琐不便,而且工业品存在一些杂质,溶液浓度高也更容易挥发,因此,次氯酸钠多以发生器现场制备的方式来生产,以便满足配比投加的需要。单就次氯酸钠发生器来说,已经是一种已被认可、技术非常成熟、工作十分稳定的产品。诸多实际应用已经证明,次氯酸钠发生器是一种运行成本很低、药物投加准确、消毒效果极佳的设备。目前,次氯酸钠发生器作为一种安全实效的常规水处理设备已引起全社会各个部门的高度重视。

(一)次氯酸钠发生器的工作原理

次氯酸钠发生器(图 3-25)是一套由低浓度食盐水通过通电电极发生电化学反应以后生

成次氯酸钠溶液的装置,其总反应化学方程式表达如下:

$$NaCl + H_2O \longrightarrow NaClO + H_2 \uparrow$$

电极反应:

阳极: $\qquad 2Cl^- - 2e \longrightarrow Cl_2$

阴极: $\qquad 2H^- + 2e \longrightarrow H_2$

溶液反应: $\qquad 2NaOH + Cl_2 \longrightarrow NaCl + NaClO + H_2O$

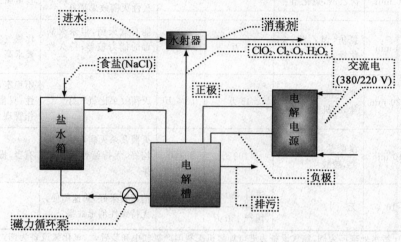

图 3-25　次氯酸钠发生器

(二)次氯酸钠的消毒及氧化原理

次氯酸钠的灭菌杀病毒原理大致有如下 3 种作用方式:次氯酸钠消杀最主要的作用方式是通过它的水解形成次氯酸,次氯酸再进一步分解形成新生态氧[O],新生态氧的极强氧化性使菌体和病毒上的蛋白质等物质变性,从而致死病原微生物。其实,氯气消毒的原理也主要是以产生次氯酸,然后释放出新生态氧[O]的方式。

根据化学测定,10^{-6} 级浓度的次氯酸钠在水里几乎是完全水解成次氯酸,其效率高于 99.99%。其过程可用化学方程式简单表示如下:

$$NaClO + H_2O \longrightarrow HClO + NaOH$$

$$HClO \longrightarrow HCl + [O]$$

其次,次氯酸在杀菌、杀病毒的过程中,不仅可作用于细胞壁、病毒外壳,而且因次氯酸分子小,不带电荷,还可渗透入菌(病毒)体内,与菌(病毒)体蛋白、核酸和酶等有机高分子发生氧化反应,从而杀死病原微生物。

$$R-NH-R + HClO \longrightarrow R_2NCl + H_2O$$

同时,次氯酸产生的氯离子还能显著改变细菌和病毒体的渗透压,使其细胞丧失活性而死亡。

(三)次氯酸钠消毒的优缺点

用于消毒时,与其他消毒剂相比较,次氯酸钠溶液非常具有优势。它清澈透明,与水互溶,彻底解决了氯气、二氧化氯、臭氧等气体消毒剂所存在的难溶于水而不易做到准确投加的技术困难,消除了使用液氯、二氧化氯等药剂时常具有的跑、泄、漏、毒等安全隐患,消毒中不产生有害健康和损害环境的副反应物,也没有漂白粉使用中带来的许多沉淀物。正因为有这些特性,所以次氯酸钠的消毒效果好,投加准确,操作安全,使用方便,易于储存,对环境无毒害、不产生第二次污染,还可以在任意环境工作状况下投加。

由于次氯酸钠发生器所生产的消毒液中不像氯气、二氧化氯等消毒剂那样在水中产生游离氯,所以一般难以形成因存在游离氯而生成不利于人体健康的致癌物质;也不像臭氧那样只要空气中存在很微弱的量($0.001\ \text{mg/m}^3$)便会对生命造成损伤和毒害;而且,还不会像氯气与水反应会最后形成盐酸那样,对金属管道造成严重腐蚀。因此,使用次氯酸钠发生器进行水质的消毒处理将成为发展趋势。

【问题与讨论】

1. 根据加氯曲线和余氯计算结果,说明各区余氯存在的形式和原因。

2. 绘制的加氯曲线有无折点?如果无折点,请说明原因。如果有折点,则折点处余氯是何种形式?

3. 试说明氯消毒和氯胺消毒的原理。两者消毒效果有何不同?

4. 在什么情况下需要联合使用臭氧和氯来消毒水质?

5. 目前城市水厂消毒采用哪种方式?试对各种消毒方式做比较分析。

6. 水中 pH 对氯消毒作用有何影响?为什么?

任务五　吸附工艺

知识点:1. 熟知吸附基本原理和吸附类型及特点。

　　　　2. 掌握活性炭吸附公式。

　　　　3. 掌握吸附等温曲线。

技能点:1. 能确定活性炭吸附公式中的常数。

　　　　2. 能用间歇式静态吸附法确定活性炭等温吸附式。

　　　　3. 能利用绘制的吸附等温曲线确定吸附系数:K、$1/n$,

　　　　　K 为直线的截距,$1/n$ 为直线的斜率。

　　　　4. 能正确进行工作曲线线性相关性分析。

数字资源 3-9
吸附工艺任务实施

数字资源 3-10
吸附工艺相关知识

【任务背景】

由于生活污水和工业废水经过处理后排入江河水体,故自来水水源也呈微污染状态,传统的混凝沉淀过滤工艺只能去除大的颗粒物质,溶解性的有机物依然存在于水体中。活性炭具有发达的孔隙结构和巨大的比表面积,能够吸附水中溶解性的有机物,如苯类化合物、酚类化合物、石油及石油产品等,对用生物法及其他方法难以去除的有机物,如表面活性物质、除草剂、合成染料、胺类化合物及许多人工合成的有机化合物,以及色度、异嗅等都有较好的去除效果,故在水处理中已得到广泛应用,可以减少后续处理中氯气消毒投加量和致癌物质产生。

在常规处理之后再进行生物处理对致突变物有一定的去除效果,使出水达到更好的生物稳定性,管网水也获得了更长的保质期。

【任务实施】

一、准备工作

所需检验项目	吸附工艺		
所需设备	恒温振荡器1台		
	分析天平1台		
	分光光度计1台		
	带盖称量瓶、干燥皿、烘箱、定量滤纸等		
所需玻璃器皿(规格及数量)	250 mL 锥形瓶 6 个	1 000 mL 容量瓶 1 个	100 mL 容量瓶 5 个
所需其他备品	活性炭	亚甲基蓝	
团队分工	物品准备员: 记录员: 检验员: 监督员:		

二、测定要点

(一)标准曲线的绘制

首先配制 100 mg/L 的亚甲基蓝溶液:称取 0.1 g 亚甲基蓝,用蒸馏水溶解后移入 1 000 mL 容量瓶中,并稀释至标线。

然后用移液管分别移取亚甲基蓝标准溶液 5,10,20,30,40 mL 于 100 mL 容量瓶中,用蒸馏水稀释至 100 mL 刻度线处,摇匀,以蒸馏水为参比,在波长 470 nm 处,用 1 cm 比色皿测定吸光度,绘制标准曲线。

(二)活性炭的制备

将活性炭放在蒸馏水中浸 24 h,然后放入 105 ℃烘箱中烘至恒重,再将烘干后的活性炭压碎,使其成为能通过 200 目以下筛孔的粉状炭。因为粒状活性炭要达到吸附平衡耗时太长,往往需要数日或数周,为了使实验能在短时间内结束,故选用粉状炭。

(三)吸附等温线间歇式吸附实验

间歇式活性炭吸附装置如图 3-26 所示。吸附等温线间歇式吸附实验步骤如下。

①用分光光度法测定原水中亚甲基蓝含量,同时测定水温和 pH。

②将活性炭粉末用蒸馏水洗去细粉,并在 105 ℃下烘至恒重。

③在 5 个锥形瓶中分别放入 100,200,300,400,500 mg 粉状活性炭,再各加入 200 mL 水样。

④将锥形瓶放入恒温振荡器上震动 1 h,静置 10 min。

⑤吸取上清液,在分光光度计上测定吸光度,并在标准曲线上查得相应的浓度,计算亚甲基蓝的去除率吸附量。

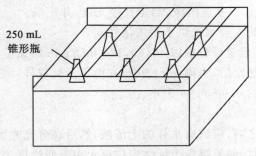

图 3-26　间歇式活性炭吸附装置

(四)吸附等温线连续式吸附实验

1. 实验装置及材料

①每套试验装置分 2 组。

②每组由 3 根活性炭柱串联而成。

③活性炭有机玻璃管尺寸:直径×高度=φ35 mm×1 000 mm,3 根×2 组。

④活性炭装填厚度:500 mm。

连续式活性炭吸附装置具体结构如图 3-27 所示。

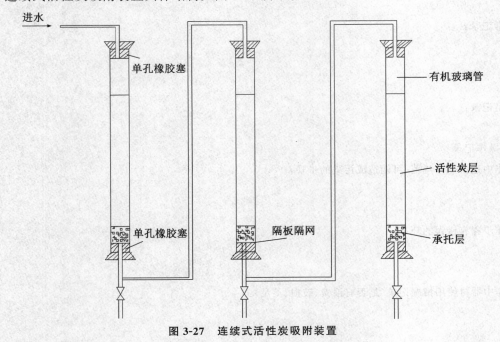

图 3-27　连续式活性炭吸附装置

2. 实验步骤

(1)绘制亚甲基蓝标准曲线　用移液管分别吸取浓度为 100 mg/L 的亚甲基蓝标准溶

液 5,10,20,30,40 mL 于 100 mL 容量瓶中,用蒸馏水稀释至 100 mL 刻度处,摇匀,以蒸馏水为参比,在波长 470 nm 处,用 1 cm 比色皿测定吸光度,绘制标准曲线。

（2）具体步骤

①配制 10 mg/L 的亚甲基蓝溶液,测定其吸光度,并记录。

②在有机玻璃管中装入经水洗烘干后的活性炭。

③打开进水泵,调节流量计分别以 40,80,120 mL/min 的流量进行实验。

④在每一流速运行稳定后,每隔 10～30 min 由各炭柱取样,测定出水吸光度,至出水中吸光度达到进水吸光度的 0.9～0.95 为止。

3.注意事项

①在测水样吸光度之前,应该取水样的上清液,然后在分光光度计上测相应的吸光度。

②连续式吸附实验时,如果第一个活性炭柱出水中溶质浓度值就很小,则可增大进水流量或停止第二、三个活性炭柱进水,只用一个炭柱。

三、实施记录

实施记录单

任务		检验员		时间	
一、器材准备记录 数量记录： 异常记录： 不足记录： 二、操作记录 操作中违反操作规范、可能造成污染的步骤： 操作步骤有错误的环节： 操作中器材使用情况记录（是否有浪费、破损、不足）：					

三、原始数据记录

1.标准曲线绘制

序号	1	2	3	4	5
浓度/(mg/L)					
吸光度（A）					

2.间歇式吸附实验原始数据记录

活性炭投加量(m)/mg	吸光度(A)	原亚甲基蓝浓度(c_0)/(mg/L)	吸附平衡后亚甲基蓝浓度(c)/(mg/L)	平均值	Lg c	c_0-c	$(c_0-c)/m$	Lg$(c_0-c)/m$
100								
200								
300								
400								
500								

吸附等温线绘制

lg$K$	1/n	K	n

公式 1 $\lg q_e = \lg \dfrac{c_0 - c_e}{m} = \lg K + \dfrac{1}{n}\lg c_e$

式中:c_0 为水中被吸附物质原始浓度,mg/L;c_e 为被吸附物质的平衡浓度,mg/L;m 为活性炭投加量,g/L。

将 q_e、c_e 相应值点绘在双对数坐标纸上,所得直线的斜率为 $\dfrac{1}{n}$,截距为 k。

公式 2 $\ln\left(\dfrac{c_0}{c_B} - 1\right) = \ln\left[\exp\left(\dfrac{KN_0 H}{v}\right) - 1\right] - Kc_0 t$

公式 3 $t = \dfrac{N_0}{c_0 v}H - \dfrac{1}{c_0 K}\ln\left(\dfrac{c_0}{c_B} - 1\right)$

两式中:t 为工作时间,h;v 为吸附柱中流速,m/h;H 为活性炭柱高度,m;K 为流速常数,L/(mg·h);N_0 为吸附容量,即达到饱和时被吸附物质的吸附量,mg/L;c_0 为进水中被吸附物质浓度,mg/L;c_B 为容许出流溶质浓度,mg/L。

3. 连续式吸附实验原始数据记录

原水吸光度(E)			原水浓度			允许出水浓度(c_0)		
炭柱 1 高度(H_1)			炭柱 2 高度(H_2)			炭柱 3 高度(H_3)		

工作时间 t/min	出水浓度/(mg/L)								
	滤速 1			滤速 2			滤速 3		
	柱 1	柱 2	柱 3	柱 1	柱 2	柱 3	柱 1	柱 2	柱 3

①记录实验数据,并根据 $t\text{-}c$ 关系确定当出水溶质浓度等于 c_b 时各柱的工作时间 t_1,t_2,t_3。

②根据式 2 以时间 t_i 为纵坐标,以炭层厚 H 为横坐标,给 t、H 值,直线截距为 $\ln(c_0/c_b - 1)/Kc_0$,斜率为 $N_0/c_0 v$。

③将已知 c_0、c_b、V 等值代入,求出流速常数 K 和吸附容量 N_0 值。

④根据式 3 求出每一流速下炭层临界深度 H_0 值。

⑤按原始数据计算各滤速下吸附设计参数 K、H_0、N_0 值,或绘图,以供设备设计时参考。

活性炭吸附实验结果

流速(V)/(m/h)	吸附容量(N_0)/(mg/L)	流速常数(K)/(L/mg·h)	炭层临界深度(H_0)/m

四、成果评价

考核评分表

序号	作业项目	考核内容	分值	操作要求	考核记录	扣分	得分
一	仪器调校 (10分)	仪器预热	5	已预热			
		波长正确性、吸收池配套性检查	5	正确			
二	溶液配制 (15分)	比色管使用	5	正确规范(洗涤、试漏、定容)			
		移液管使用	5	正确规范(润洗、吸放、调刻度)			
		显色时间控制	5	正确			
三	设备使用 (30分)	分光光度计使用	5	正确规范			
		静态试验	10	正确规范			
		动态试验	10	正确规范			
		读数	5	及时、准确			
四	数据处理和实训报告 (40分)	工作曲线绘制,报告	15	合格			
		准确度	15	正确、完整、规范、及时			
		工作曲线线性	0	<0.99　差			
			4	0.99～0.999　一般			
			8	0.999 1～0.999 9　较好			
			10	>0.999 9　好			
五	文明操作结束工作 (5分)	物品摆放整齐,仪器结束工作	5	仪器拔电源、盖防尘罩;比色皿清洗,倒置控干;台面无杂物或水迹,废纸、废液不乱扔、乱倒,仪器结束工作完成良好			
六	总分						

【相关知识】

一、常规吸附水质处理流程

(一)吸附类型

根据吸附质和吸附剂之间吸附力的不同,吸附可分为物理吸附与化学吸附两大类。

1. 物理吸附(或称范德华吸附)

物理吸附是吸附剂分子与吸附质分子间吸引力作用的结果,因其分子间结合力较弱,故容易脱附。例如,固体和气体之间的分子引力大于气体内部分子之间的引力,气体就会凝结在固体表面上,吸附过程达到平衡时,吸附在吸附剂上的吸附质的蒸汽压应等于其在气相中的分压。

2. 化学吸附

化学吸附是由吸附质与吸附剂分子间化学键的作用所引起的,其间结合力比物理吸附大得多,放出的热量也大得多,与化学反应热数量级相当,过程往往不可逆。化学吸附在催化反应中起重要作用。

(二)吸附剂的选择原则

吸附剂的性能对吸附分离操作的技术经济指标起着决定性的作用,因此吸附剂的选择是非常重要的一环。一般吸附剂选择原则如下。

①具有较大的平衡吸附量,一般比表面积大的吸附剂,其吸附能力强。

②具有良好的吸附选择性。

③容易解吸,即平衡吸附量与温度或压力具有较敏感的关系。

④有一定的机械强度和耐磨性,性能稳定,较低的床层压降,价格便宜等。

(三)吸附剂的种类

目前,工业上常用的吸附剂主要有活性炭、硅胶、活性氧化铝、分子筛等。

1. 活性炭

活性炭具有非极性表面的结构特点,一种疏水性和亲有机物的吸附剂,故又称为非极性吸附剂。

活性炭的优点是吸附容量大,抗酸耐碱、化学稳定性好;解吸容易,在高温下进行解吸再生时其晶体结构不发生变化,热稳定性高,经多次吸附和解吸操作,仍能保持原有的吸附性能。

活性炭常用于溶剂回收中溶液脱色、除嗅、净制等过程,是当前应用最普遍的吸附剂。

2. 硅胶

硅胶是一种坚硬、无定形链状和网状结构的硅酸聚合物颗粒,是一种亲水性极性吸附剂。因硅胶是多孔结构,故其比表面积可达 $350 \ \text{m}^2/\text{g}$ 左右。工业上用的硅胶有球型、无定型、加工成型及粉末状 4 种。硅胶主要用于气体的干燥脱水、催化剂载体及烃类分离等过程。

3. 活性氧化铝

活性氧化铝为无定形的多孔结构物质,一般由氧化铝的水合物(以三水合物为主)加热、脱水和活化制得,其活化温度随氧化铝水合物种类不同而不同,一般为 $250 \sim 500 ℃$。活性氧化铝的孔径为 $20 \sim 50 \ \text{Å}$。典型的比表面积为 $200 \sim 500 \ \text{m}^2/\text{g}$。活性氧化铝具有良好的机械强度,可在移动床中使用,且对水具有很强的吸附能力,故主要用于液体和气体的干燥。

4. 分子筛

沸石吸附剂是具有特定而且均匀一致孔径的多孔吸附剂,它只能允许比其微孔孔径小的分子吸附上去,比其大的分子则不能进入,有分子筛的作用,故称为分子筛。

分子筛(合成沸石)是一种含水硅酸盐,一般可用 $M_{\frac{2}{n}}O \cdot Al_2O_3 \cdot ySiO_2 \cdot wH_2O$ 式表示。其中,M 表示金属离子,多数为钠、钾、钙,也可以是有机胺或复合离子;n 表示复合离子的价数;y 和 w 分别表示 SiO_4 和 H_2O 的分子数。y 又称为硅铝比,硅铝比为 2 左右的称为 A 型分子筛,3 左右的称为 X 型分子筛,3 以上的称为 Y 型分子筛。

根据原料配比、组成和制造方法不同,分子筛可以制成不同的孔径(一般为 3～8 Å)和形状(圆形、椭圆形)。分子筛是极性吸附剂,对极性分子,尤其对水具有很大的亲和力。由于分子筛突出的吸附性能,使得它在吸附分离中有着广泛的应用,主要用于各种气体和液体的干燥,芳烃或烷烃的分离,以及用作催化剂及催化剂载体等。

二、活性炭工艺原理

活性炭的吸附可分为物理吸附和化学吸附。

(一)物理吸附

物理吸附主要发生在活性炭去除液相和气相中杂质的过程中。活性炭的多孔结构提供了大量的表面积,从而使其非常容易达到吸收和收集杂质的目的。如同磁力一样,所有的分子之间都具有相互引力。正因为如此,活性炭孔壁上的大量分子可以产生强大的引力,从而达到将介质中的杂质吸引到孔径中的目的。

必须指出的是,这些被吸附杂质的分子直径必须要小于活性炭的孔径,这样才可能保证杂质被吸收到孔径中。这也就是为什么我们能通过不断地改变原材料和活化条件来创造具有不同孔径结构的活性炭,从而适用于各种杂质吸收的原因。

(二)化学吸附

除了物理吸附之外,在活性炭的表面也经常发生化学反应。活性炭不仅含碳,而且在其表面还含有少量的化学结合、功能团形式的氧和氢,例如羧基、羟基、酚类、内脂类、醌类、醚类等。这些表面上含有的氧化物或络合物可以与被吸附的物质发生化学反应,从而与被吸附物质结合聚集到活性炭的表面。活性炭的吸附正是物理吸附和化学吸附两种吸附综合作用的结果。

当活性炭在溶液中的吸附速度和解吸速度相等时,即单位时间内活性炭吸附的数量等于解吸的数量时,被吸附物质在溶液中的浓度和在活性炭表面的浓度均不再变化,从而达到了平衡,此时的动平衡称为活性炭吸附平衡,此时被吸附物质在溶液中的浓度称为平衡浓度。活性炭的吸附能力以吸附量 q 表示,可用公式(3-23)计算。

$$q = \frac{V(c_0 - c)}{M} = \frac{M_0}{M} \tag{3-23}$$

式中:q 为活性炭吸附量,即单位重量的吸附剂所吸附的物质量,g/g;V 为污水体积,L;c_0,C 为分别为吸附前原水及吸附平衡时污水中的物质浓度,g/L;M_0 为被吸附物质重量,g;M 为活性炭投加量,g。

在温度一定的条件下,活性炭的吸附量随被吸附物质平衡浓度的提高而提高,两者之间的变化称为吸附等温线,通常用费戎德里希经验公式加以表达,即公式(3-24)。

$$q = Kc^{\frac{1}{n}} \tag{3-24}$$

式中:q 为活性炭吸附量,g/g;c 为被吸附物质平衡浓度,g/L;K,n 为与溶液的浓度、pH 以及吸附剂和被吸附物质的性质有关的常数。

K,n 值求法如下:通过间歇式活性炭吸附实验测得 q 和 c 相应之值,将式(3-24)取对数后变换为公式(3-25)。

$$lg\,q = lgK + \frac{1}{n}lg\,c \qquad\qquad (3\text{-}25)$$

将 q 和 c 相应值点绘在双对数坐标纸上,所得直线的斜率为 $1/n$,截距则为 K。

三、吸附工艺运转方法

(一)活性炭的选择

活性炭是将木炭、果壳、煤等含碳原料经炭化、活化后制成的。活化方法可分为两大类,即药剂活化法和气体活化法。药剂活化法就是在原料里加入氯化锌、硫化钾等化学药品,在非活性气氛中加热进行炭化和活化。气体活化法是把活性炭原料在非活性气氛中加热,通常在 700℃ 以下除去挥发组分以后,再通入水蒸气、二氧化碳、烟道气、空气等,并在 700～1 200℃ 温度范围内进行反应使其活化。活性炭含有很多毛细孔构造,所以具有优异的吸附能力,其用途遍及水处理、脱色、气体吸附等各个方面。

在生产中应用的活性炭的种类很多,一般都制成粉末状或颗粒状。粉末状的活性炭吸附能力强,制备容易,价格较低,但再生困难,一般不能重复使用。颗粒状的活性炭价格较贵,但可再生后重复使用,并且使用时的劳动条件较好,操作管理方便。因此,在水处理中较多采用颗粒状活性炭。

活性炭的比表面积可达 800～2 000 m^2/g,有很高的吸附能力。颗粒状活性炭在使用一段时间后,吸附了大量吸附质,逐步趋向饱和并丧失工作能力,此时应进行更换或再生。再生是在吸附剂本身的结构基本不发生变化的情况下,用某种方法将吸附质从吸附剂微孔中除去,恢复吸附剂的吸附能力的方法。

(二)活性炭的吸附过程

1. 传质过程

活性炭的吸附是一个复杂的动力学过程,其中包括吸附质在主体溶液中的传质,吸附质在活性炭表面水膜中的传递,吸附质分子在孔内的扩散以及吸附质最终在活性炭表面的吸附。

吸附质在主体溶液中的传质是使吸附质达到活性炭表面的过程。这一过程可以通过机械的混合或者分子的扩散来实现。吸附质在活性炭表面水膜中的传质过程符合 Fick 第一定律,与浓度梯度以及液膜的厚度有关。梯度越大、液膜越薄,传质速度越快。吸附质穿过水膜,在达到吸附位置之前的过程,是吸附质在活性炭孔内扩散到吸附位置的过程。吸附质分子到达吸附位置之后,由于其与活性炭表面发生作用而产生吸附,吸附过程结束。这些连续过程中的最慢者,将会成为整个传质过程的控制步骤。在水处理过程中,通常有机物在水膜中的扩散或者在孔中的扩散是控制步骤。

2. 穿透曲线

对于粒状炭,当水连续地通过吸附装置时,随着时间的推移,出水中污染物质的浓度逐渐上升,这被称作污染物的"穿透"现象。当达到一定时间后,污染物浓度上升很快;当吸附装置达到饱和后,出水中污染物浓度几乎完全与进水相同,吸附装置失效。以时间为横坐标,以出水中污染物浓度为纵坐标,将出水中污染物浓度随时间变化做图,得到的曲线称为穿透曲线。允许污染物出水最高浓度的点被称为穿透点,进水浓度 90% 的点称为饱和点。

累积通水量或者比通水量（通水量体积/活性炭体积）也可作为吸附穿透曲线横坐标，其中比通水量更能够反映活性炭的吸附性能。

3. 吸附带

在活性炭层的吸附过程中有一段特殊的位置，即活性炭对污染物的吸附都集中发生在该段中，该段前端（相对于水流方向）的活性炭可以看作未吸附的炭，而该段后端的活性炭都可以看作已经吸附饱和的炭，该段活性炭则被称为吸附带（mass transfer zone，简称 MTZ）。在吸附带中，活性炭的饱和程度从 0 到 100%。当吸附装置开始过滤时，吸附带处于活性炭层上部；当表层吸附饱和后，吸附带逐渐下移；当吸附带移至活性炭层下沿时，出水浓度急剧增大，而当出水浓度增大到预定值时，炭层穿透。由于吸附带中炭不能被全部利用，所以吸附带的长度将影响整个活性炭层的使用率。

吸附速度越快，吸附带的长度越短，活性炭层的利用率越高。

吸附带长度 L_{mtz} 的计算方法很多，但在实际中都只能进行估算。最常用的是 Michaels 及 Weber 的模型。

4. 空床接触时间

空床接触时间（empty bedcontact time，简称 EBCT）是吸附接触装置的重要参数，其物理意义是在吸附装置中不加任何填料情况下过水的水力停留时间。

在某处理水量下，空床接触时间将决定吸附装置的体积。从经济性上看，EBCT 越小越好；然而从吸附效果上看，EBCT 越大越好。

5. 临界穿透浓度及吸附柱临界深度

临界穿透浓度是指可以接受的污染物最大出水浓度。吸附柱临界深度是指运行一开始就导致出水浓度等于临界穿透浓度的吸附柱深度。当出水浓度大于临界穿透浓度时，表明吸附装置已经失效，活性炭需要更换了。

6. 活性炭的利用率（carbon usage rate，简称 CUR）

CUR 被定义为单位处理水量所需要的活性炭质量。

（三）活性炭再生

活性炭在水处理运行中存在使用量大、价格高的问题，其费用往往占运行成本的 30%～45%。用过的活性炭不经处理即行废弃，不仅对资源是很大的浪费，还将造成二次污染。因此，将用过的"饱和炭"进行再生具有显著的经济价值。活性炭再生（或称活化），是指用物理或化学方法在不破坏活性炭原有结构的前提下，将吸附于活性炭微孔中的吸附质去除，恢复其吸附性能，达到重复使用的目的。

1. 药剂洗脱的化学法

对于高浓度、低沸点的有机物吸附质，活性炭应首先考虑化学法再生。

（1）无机药剂再生　是指用无机酸（硫酸、盐酸）或碱（氢氧化钠）等药剂使吸附质脱除的方法，又称酸碱再生法。例如吸附高浓度酚的炭，用氢氧化钠溶液洗涤，脱附的酚以酚钠盐形式被回收。吸附废水中重金属的炭也可用此法再生，这时再生药剂使用 HCl 等。

（2）有机溶剂再生　是指用苯、丙酮及甲醇等有机溶剂，萃取吸附在活性炭上的吸附质的方法。例如，吸附高浓度酚的炭也可用有机溶剂再生；焦化厂煤气洗涤废水用活性炭处理后的饱和炭也可用有机溶剂再生。

采用药剂洗脱的化学再生法，有时可从再生液中回收有用的物质。再生操作可在吸附塔内进行,活性炭损耗较小;但再生不太彻底,微孔易堵塞,影响吸附性能的恢复率,多次再生后吸附性能明显降低。

2. 生物再生法

利用经过驯化培养的菌种处理失效的活性炭,使吸附在活性炭上的有机物降解并氧化分解成 CO_2 和 H_2O,恢复其吸附性能,这种利用微生物再生饱和炭的方法,仅适用于吸附易被微生物分解的有机物的"饱和炭",而且分解反应必须彻底,即有机物最终被分解为 CO_2 和 H_2O,否则有被活性炭再吸附的可能。如果处理水中含有生物难降解或难脱附的有机物,则生物再生效果将受影响。

近年来,利用活性炭对水中有机物及溶解氧的强吸附特性,以及活性炭表面作为微生物聚集繁殖生长的良好载体,在适宜条件下,同时发挥活性炭的吸附作用和微生物的生物降解作用,这种协同作用的水处理技术称为生物活性炭(biological activated carbon,简称 BAC)。这种方法可使活性炭使用周期比通常的吸附周期延长多倍,但使用一定时期后,被活性炭吸附而难生物降解的那部分物质仍将影响出水水质。因此,在饮用水深度处理运行中,过长的活性炭吸附周期将难以保证出水水质,必须定期更换活性炭。

3. 湿式氧化法

湿式氧化法通常用于再生粉末活性炭,如为提高曝气池处理能力而投加的粉末炭。将吸附饱和的炭浆升温至 $200\sim250°C$,通入空气加压至 $(300\sim700)\times10^4Pa$,在反应塔内被活性炭吸附的有机物在高温高压下氧化分解,从而使活性炭得到再生。再生后的炭经热交换器冷却后,送入储炭槽再回收利用。有机物碳化后的灰分在反应器底部集积后定期排放。

湿式氧化法适宜处理毒性高、生物难降解的吸附质。温度和压力必须根据吸附质特性而定,因为这直接影响炭的吸附性能恢复率和炭的损耗。这种再生法的再生系统附属设施多,所以操作较麻烦。

4. 电解氧化法

电解氧化法是利用电解时产生的新生态[O]、[Cl]等强氧化剂,使活性炭吸附的有机物氧化分解,从而使活性炭得以再生的方法。但在实际运行中,存在金属电极腐蚀、钝化、絮凝物堵塞等问题,而不溶性电极——石墨存在体积大、电阻高、耗电大等缺点,因此,本方法尚未在实践中推广应用。

5. 加热再生法

加热再生法是通过对活性炭进行热处理,使活性炭吸附的有机物在高温下炭化分解,最终成为气体逸出,从而使活性炭得以再生的方法。根据有机物在加热过程中分解脱附的温度不同,加热再生法又分为低温加热再生法和高温加热再生法。

(1)低温加热再生法 对于吸附沸点较低的低分子碳氢化合物和芳香族有机物的饱和炭,一般用 $100\sim200°C$ 蒸汽吹脱使炭再生,再生可在吸附塔内进行。脱附后的有机物蒸汽经冷凝后可回收利用。低温加热再生法常用于气体吸附的活性炭再生。蒸汽吹脱方法也用于啤酒、饮料行业工艺用水前级处理的饱和活性炭再生。

(2)高温加热再生法 在水处理中,活性炭吸附的多为热分解型和难脱附型有机物,且吸附周期长。高温加热再生法通常经过 $850°C$ 高温加热,从而使吸附在活性炭上的有机物碳化分解,使活性炭活化后达到再生目的。高温加热再生法的吸附恢复率高,且再生效果稳定,因此对用于水处理的活性炭的再生,普遍采用高温加热法。

经脱水后的活性炭,加热再生全过程一般需要经过以下 3 个阶段。

(1)干燥阶段　将含水率为 50%～86% 的湿炭在 100～150℃ 温度下加热,使炭粒内吸附的水蒸发,同时部分低沸点有机物也随之挥发。在此阶段内所消耗的热量占再生全过程总能耗的 50%～70%。

(2)焙烧阶段,或称碳化阶段　粒炭被加热升温至 150～700℃。不同的有机物随温度升高,分别以挥发、分解、碳化、氧化的形式,从活性炭的基质上消除。通常到此阶段,再生炭的吸附恢复率已达到 60%～85%。

(3)活化阶段　有机物经高温碳化后,有相当部分碳化物残留在活性炭微孔中。此时碳化物需用水蒸气、二氧化碳等氧化性气体进行气化反应,使残留碳化物在 850℃ 左右气化成 CO_2,CO 等气体,最终使微孔表面得到清理,恢复其吸附性能。

残留碳化物与氧化性气体的反应式如下:

$$C+O_2 \longrightarrow CO_2 \uparrow$$
$$C+H_2O \longrightarrow CO \uparrow + H_2 \uparrow$$
$$C+CO_2 \longrightarrow 2CO \uparrow$$

高温再生过程中,氧对活性炭的基质影响很大,因此必须在微正压条件下运行。过量的氧将使活性炭烧损灰化,而过低的氧量又将影响炉内温度和再生效果。因此,一般的高温加热再生炉内对氧必须严格控制,余氧量小于 1%,CO 含量为 2.5% 左右,水蒸气注入量为 0.2～1 kg/kg 活性炭(根据炉型确定)。

活性炭再生设备的优劣主要体现在吸附恢复率、炭损率、强度、能量消耗、辅料消耗、再生温度、再生时间、对人体和环境的影响、设备及基础投资、操作管理检修的繁简程度等方面。

此外,任何活性炭高温加热再生装置中都需要妥善解决的是防止炭粒相互黏结、烧结成块并造成局部起火或堵塞通道,甚至导致运行瘫痪的现象。

四、维护管理

(一)吸附的影响因素

粒状活性炭吸附装置的构造类似于滤池,只是用粒状炭作为滤料。粒状炭层下部也设置卵石垫层和排水系统,以便定期反冲洗。当处理废水或者饮用水的原水受到比较严重的污染需要长期使用活性炭时,常常由于粒状炭易于再生而采用粒状活性炭滤池。

粒状活性炭一般作为一个单元处理过程应用于水处理的某个环节。粒状炭的吸附可以使用在 3 个位置,即滤前吸附、滤后吸附及过滤吸附。这 3 种方式往往具有不同的特点。放置在混凝沉淀以前的炭滤池,由于吸附量比较大,再生的频率比较高并需另设吸附滤池。在过滤池后设置吸附滤池,也需要增加基建投资。过滤、吸附则一般采用吸附/过滤装置,即由砂滤池改造而成的活性炭滤池,这是一种常用的方式。砂滤池改造成的活性炭滤池可以用活性炭代替砂滤池上部部分滤砂,也可以用活性炭代替全部滤砂。作为过滤兼吸附装置的应用,过滤吸附的基建费用比较低,但它反冲洗的频率要比滤后吸附滤池大,跑炭量会由于反冲洗频繁而上升,同时操作的费用会由于活性炭的使用率降低而升高。

1. 吸附装置形式

粒状活性炭吸附装置的形式是多种多样的,具体可采用的形式可以根据不同的要求和目的进行选择。

(1)一般粒状活性炭吸附装置　可以分为重力式和压力式2类。

压力式吸附装置的流速可以在一个比较大的范围内进行调节,同时压力式吸附装置可以在工厂预制,然后运抵现场;其不足之处是很难观察到过滤过程中粒状炭的变化情况,同时压力式吸附装置的尺寸较小,往往不能处理比较大的水量,一般用于产水量比较小的情况。当水量比较大而且水量的变化不大时,比如在水厂中,往往采用的是重力式吸附装置。

(2)按流程形式分类　活性炭吸附器可以分为单个反应器和多个反应器。

①单个反应器中的活性炭使用率一般比较低。在这种运行方式下,当出水超出所需要的标准时,整个过滤装置中的活性炭都需要更换。但事实上并不是容器中的所有活性炭都已经达到饱和,因而单个反应器运行方式导致了活性炭的使用率比较低。多个反应器同时使用则可以提高活性炭的使用率。

②多个反应器的排列方式可以为并联或者串联。对于串联系统,当前面的炭床穿透以后,后面的炭床仍可以保证出水水质。当前面的炭床吸附容量完全饱和时,可以将其中的活性炭更换为新炭,然后安排在串联系统的最后。如此循环,既可以保证炭床中活性炭的吸附容量得到完全的应用,也可以保证出水的水质始终良好。对于并联系统,当一段炭床的出水穿透后,数个炭床出水的混合水水质仍然可能符合水质要求,这时穿透后的炭床仍可继续工作,直到混合水的水质不符合要求时为止,这样就使穿透炭床的活性炭利用率大为提高。

(3)按水的流向分类　吸附装置形式可以分为上向流(升流式)和下向流(降流式)2种。一般的膨胀床采用上向流方式;重力式活性炭滤池及大部分压力过滤装置都采用下向流方式。还有一种移动式活性炭吸附装置,这种装置采用的是上向流,水从底部流入,新鲜的活性炭从上方加入,吸附饱和的活性炭从底部取出,从而不断地更新活性炭。这种移动式活性炭吸附装置占地面积小,操作管理方便,比较适合于较大规模的污水处理。当采用上流式炭吸附池时,应采取防止二次污染措施。

2. 设计参数

粒状活性炭吸附滤池或其他吸附装置的设计过程,类似于快滤池的设计。这里比较重要的两个参数是空床接触时间和活性炭的利用率。空床接触时间将决定滤池的总体积,从而影响建设投资;活性炭的利用率将决定活性炭的更换频率,从而影响运行的费用。

对于空床接触时间,采用的值为5～25 min。空床接触时间越大,滤层越不容易穿透,同时活性炭利用率也得到了相应的提高。

活性炭的利用率将决定活性炭更换和再生的频率。该值一般需要通过生产性试验才能确定。一种快速小柱试验(rapid small scale column test,简称 RSSCT)可以有效地模拟整个生产系统的状况,从而确定一些参数。但设计前的试验只能是一种估计性的计算。

粒状活性炭滤池的水力表面负荷概念和普通快滤池中水力负荷的概念是一致的,即为单位时间单位表面积上的产水量,一般称为滤速。活性炭滤池的水力表面负荷采用的范围是5～24 m/h,而最常用的范围是5～15 m/h。

对于活性炭滤池,反冲洗的参数需要由活性炭的参数确定,可由活性炭生产商提供。

炭床的深度等于空床接触时间与滤速的乘积。

(二)日常维护管理

对于水质良好的水源,传统的水处理工艺可获得安全合格的饮用水。但随着水源水的污染,在对有机物去除、降低三氮含量这些目前饮用水亟待解决的问题上,传统的水处理工艺满足不了要求。大部分地区的饮用水虽然经过了常规处理,但仍然含有多种多样的微量有机物,特别是有毒有害、致畸、致癌和致突变物质逐渐增多,人们长期饮用,会出现眩晕、疲劳、脱发、癌症发病率增高等现象。随着城市化和工业化的迅猛发展,饮用水中不断出现新的病原微生物因子,加氯消毒也不能有效杀灭水中的病原菌、病毒和抗氯型的病原寄生虫,如贾第虫胞囊和隐孢子虫卵囊等。抗氯型病原微生物(如隐孢子虫)的出现也使人们对传统的加氯消毒工艺产生了质疑。活性炭滤池的构造类似于快滤池、"V"形滤池、翻板滤池等几种形式。

活性炭在净化给水方面不仅对色、嗅去除效果良好,而且对合成洗涤剂 ABS、三卤甲烷(THMs)、卤代烃、游离氯也有较高的吸附能力,还能有效地去除几乎无法分解的氨基甲酸酯类杀虫剂等。此外,活性炭能有效地去除水中的游离氯和某些重金属(如 Hg, Sb, Sn, Cr)且不易产生二次污染,因此常用于家庭用水及饮用水的净化处理工艺中。活性炭在废水处理方面的主要优点是处理程度高、出水水质稳定,与其他方法配合使用可获得质量很高的出水水质,甚至达到饮用水标准。

活性炭滤池一般设在砂滤池后面(也有在砂滤池前的),以防水中悬浮固体物堵塞炭的孔隙结构,影响吸附功能。活性炭滤池的出水需要经过消毒处理,以确保水中微生物的安全性。活性炭滤池一般是用来去除溶解有机物的。

活性炭滤池的滤层厚度与接触时间的综合关系通常用空床接触时间(EBCT)参数来表示。例如,当水通过滤层的速度为 6 m/h,滤层厚度 1 m 时,EBCT=(1/6×60) min=10 min。《室外给水设计规范》建议空床接触时间宜采用 6~20 min,空床速度 8~20 m/h,炭层厚度 1.0~2.5 m。

炭滤池虽然放置在砂滤池后,但仍然像砂滤池一样,当炭滤层由于截留过多的悬浮固体而引起水头损失过高时,要进行反冲洗。在进水浊度极低的条件下,两次炭滤池反冲洗时间间隔(即吸附的工作周期)可达数周。《室外给水设计规范》建议冲洗周期宜采用 3~6 d。至于炭滤料从工作起需要再生的时间,即其有用寿命,主要取决于水中有机物的成分和含量,可从 4~6 个月到 2~3 年不等,有臭氧氧化的炭滤池寿命要长一些。炭滤池主要控制参数如下。

1. 对进水浊度的控制

采用活性炭处理的目的是为了更有效地去除有机物,而不是为了截留悬浮固体,故一般控制炭滤池的进水浊度小于 3NTU,否则容易造成炭床堵塞,缩短吸附周期。因此,在今后的运行中对活性炭滤池进水浊度应该提出更高的控制目标。

2. 对进水余氯的控制

活性炭可以吸附水中的余氯,余氯对活性炭表面的生物膜会产生极大的破坏,因此生产中必须控制活性炭滤池进水不得有余氯。

3. 保持活性炭吸附程度的相对均匀

活性炭滤池一般都采用方形池型,我们测量的反冲洗强度一般是指整格池的平均冲洗强度。方形池型在反冲洗时各个位置的冲洗强度并不一致,角上的冲洗强度相对较小,而池中间以及离反冲洗进水管近的位置,冲洗强度相对较大。这就会造成炭滤池在运行一段时间后炭层面中间低、四周高,低的位置炭层较薄,水头损失较小,因此该处局部的滤速相对较大,而运行负荷的增大使炭层薄的地方活性炭的使用周期缩短,造成单格池内活性炭在吸附饱和程度上的不均匀。因此,炭滤池在使用一段时间后需人工耙平,以保持池内活性炭在吸附饱和程度上的相对均匀。二期活性炭滤池增加了气冲系统,由于气冲时炭粒处于完全膨胀状态,故炭层能在气冲结束后保持比较均匀的厚度。

4.增加水中的溶解氧

成为生物活性炭取决于水温、微生物利用的原水中所含基质的种类、水中细菌的浓度和种类、反冲洗方式和反冲洗周期以及溶解氧。臭氧的投加极大地增加了水中的溶解氧,并且使进入炭层内部的水中留有一定的余臭氧,保证了炭层中生物的需要。去除有机物、氨氮需要消耗大量的溶解氧,通常在 $1:4$ 以上,每氧化 1 mg NH_3-N 为 NO_2-N,需要消耗 3.34 mg 的溶解氧,每氧化 1 mg NO_2-N 为 NO_3-N 需要消耗 1.14mg 的溶解氧。通过投加臭氧,滤前水溶解氧能保持在 $12\sim15$ mg/L,基本处于饱和状态,使活性炭的生物作用得以稳定发挥。

5.对反冲洗的控制

随着活性炭滤池运行时间的延长,炭粒表面及炭层中积累的生物和非生物颗粒的数量不断增加,导致炭粒间隙减小,水头损失增加,影响活性炭滤池的出水水质和产水量。如果反冲洗时炭层的膨胀率不足,下层的炭粒悬浮不起来,炭层就冲洗不干净;反之,如果膨胀率过大,水流剪力就较小,炭粒不易碰撞,也达不到冲洗效果。膨胀率随着冲洗强度的增大而增大,冲洗强度过大,还会造成炭粒的流失,由于反冲洗水的流速很大,会冲动承托层,破坏其级配排列,使炭层和承托层卵石混合在一起,既不利于再生又影响出水水质。合理的反冲洗可以充分除去过量的生物膜和截留的微小颗粒,而频繁的反冲洗则使生物膜难以形成,因此反冲洗成为活性炭滤池运行维护的关键,是保证活性炭滤池成功运行的一个重要环节。反冲洗一般需注意以下几个方面。

①至少采用砂滤池滤后水反冲洗,最好采用活性炭滤池出水反冲洗,以保证冲洗用水具有较低的浊度和较好的水质,从而既可以使冲洗后的炭层比较洁净,又避免炭层在冲洗过程中的无效吸附。

②保证合理的冲洗历时、冲洗强度和膨胀率。我们以冲洗结束时排出水的浊度来作为冲洗强度和历时是否达到冲洗目的的衡量标准。活性炭滤池反冲洗废水中的微生物浓度一般不低于 105 个/mL,因此将反冲洗废水的浊度作为一项主要检测指标,一般以反冲洗废水浊度≤5NTU 作为反冲洗结束的前提。一般认为 $25\%\sim30\%$ 的膨胀率是比较合理的。反冲洗强度与活性炭的粒径有关,达到一定的膨胀率,粒径越大所需的冲洗强度就越大,达到 30% 的膨胀率,1.5 mm 柱状炭的冲洗强度为 11 L/(s·m²),8 目×30 目破碎炭的冲洗强度为 10 L/(s·m²),12 目×40 目破碎炭的冲洗强度为 7.7 L/(s·m²)。

③气冲的运用。在活性炭滤池运行中不允许有气、水混冲这种冲洗方式,因为活性炭比重小,在气、水混冲时容易随反冲洗废水排出池外。在气冲结束后、水冲开始前,活性炭滤池必须静止 $3\sim5$ min,以使气冲时处于悬浮状态的炭粒完全下沉。

6.反冲洗的分析

活性炭滤池在单水冲洗的基础上增加了气冲洗,较大的紊流气体能预先冲松炭层并更好地冲刷活性炭表面的生物膜。单水反冲洗前增加气冲洗可使炭粒表面的污物受到更为持久的剪力和剥离,使脱落污物的排出更为容易。在实际使用中,我们发现单水反冲洗时,反冲洗废水呈褐色,说明脱落的生物膜比较多;气冲时水体呈深黑色,在气冲之后的水冲过程中反冲洗废水呈浅黑色,夹杂着大量的微小炭粒,说明在气冲过程中炭粒受到了剧烈的磨损,长期气冲必然会影响活性炭的强度,使其磨损程度越来越严重。因此,气冲洗只能作为反冲洗的一种辅助手段,以防止冲洗强度弱、冲洗周期长以及生物膜的影响造成的活性炭板结,并去除附着在活性炭表面难以脱落的老膜。为此,我们将气冲洗周期设定为每月一次。

通过观察反冲洗废水发现,8 目×30 目破碎炭由于具有不规则的形状和粗糙的表面结构,微生物容易依附在炭粒外表面上,生物膜比较多。常以水中有机物为营养增殖形成的生物膜,对于可生物降解有机物具有去除作用。1.5 mm 柱状炭的生物膜量相对少一些,12 目×40 目破碎炭由于气冲时气体的剧烈冲刷生物膜量也比较少。

对活性炭滤池的主要水质指标进行检测后发现反冲洗后初滤水的水质相当差。因此,作为水处理工艺中的最后一道工序,我们必须考虑活性炭滤池初滤水的排放,应尽量将各个滤池的冲洗时间错开,以避免出水水质短时间超标。

7.活性炭滤池的出水

活性炭滤池出水中会有较多粉末颗粒和一些脱落的生物膜随水流带出,影响出水的水质。为保证出水水质,一般在炭层与承托层之间增加数十公分的砂滤料。增加的砂滤料在反冲洗时容易与活性炭混合,而活性炭再生时不允许有杂质,因此混入活性炭的石英砂对再生会造成影响。

8.活性炭使用过程中主要指标的变化

随着使用时间的增加,活性炭的主要吸附指标均呈下降趋势,堆积重则明显增加,说明活性炭的吸附日渐饱和。活性炭的吸附不仅受其孔隙结构的影响,也受其表面化学性质的影响,而孔隙结构及其各种表面氧化物的存在和比例,取决于活性炭的制造原理和制造工艺。经过水蒸气活化的煤质活性炭一般呈碱性,而使用后活性炭的 pH 为 5~6,呈酸性。碱性的表面化学性质更有利于微生物的附着。

(三)异常现象、原因及对策

吸附工艺常见的异常现象、原因及对策见表 3-17。

表 3-17　吸附工艺常见的异常现象、原因及对策

异常现象	原因	对策
无脊椎动物浓度较高,可能发生的泄漏会给后续的消毒工艺带来压力。一些无脊椎动物(如水蚤类)的抗氧化性较强,常规水处理的消毒工艺难以将其有效杀灭	(1)炭池中出现无脊椎动物的二次滋生,一方面是由于随原水进入水处理工艺的少数存活个体成为其生长的种源,另一方面炭池本身较高的有机质和溶解氧浓度也为无脊椎动物提供了良好的生存条件; (2)反冲洗周期越长,炭层截留的丰富生物颗粒和非生物颗粒越有利于无脊椎动物的生长和繁殖; (3)浮游生物网截留炭池滤后水中的微生物,该孔径对体型细长线虫的截留效果较差	(1)通过强化混凝等工艺措施去除和降低进水中的有机物,以控制炭池中无脊椎动物生长的饵料条件;另一方面在已有的水处理工艺的基础上,增加如膜滤等工艺单元; (2)反冲洗对炭池滤后水中的无脊椎动物有一定控制作用,选择合适的反冲洗强度和反冲洗时间能够降低炭池及其滤后水中无脊椎动物的密度; (3)对于水蚤等无脊椎动物的控制,现行最常见的方法是化学氧化法,常用的几种氧化剂包括氯、二氧化氯、氯胺、臭氧、高锰酸钾等

五、活性炭在净水技术中的应用

目前,城市饮用水处理工艺以去除悬浮物、浊度和病原微生物的混凝→沉淀→过滤→消毒常规处理工艺为主,并根据水源水的特性选择适当的处理构筑物类型,组合成饮用水处理工艺流程。消毒方式主要以氯消毒为主,也有少数水厂采用二氧化氯、臭氧或紫外线消毒。出水水质一般要求达到国家颁布的生活饮用水质标准。

为了改善和提高饮用水水质,有效地去除饮用水中微量有机物以及铁、锰、重金属离子等有害物质,防止 THMs 等致畸、致癌物质的产生,世界上众多的国家都开展了这方面的研究,并采取了相应的措施。从现有的资料来看,饮用水深度净化主要采取预氧化、活性炭吸附和臭氧氧化等措施。

(一)吸附预处理技术

吸附预处理技术是指利用物质的吸附性能或交换作用来去除水中污染物的方法。目前用于水处理的吸附剂有活性炭、硅藻土、二氧化硅、活性氧化铝、沸石及离子交换树脂等。近年来又研制开发了一些新型吸附材料,如多孔合成树脂、活性炭纤维等。其中应用得最多的是对水中有机污染物和嗅味有较强吸附作用的疏水性物质——活性炭。但是,粉末活性炭参与混凝沉淀过程后,易残留于污泥中,目前尚无很好的回收再生方法,致使处理费用较高,难以推广应用。黏土矿物类吸附剂虽然货源充足、价格便宜,具有很好的吸附性能,但大量黏土投入混凝剂中会增加沉淀池的排泥量,给生产运行带来了一定困难。

(二)深度处理技术

以下简单介绍两种活性炭深度处理技术。

1. 臭氧-活性炭联用深度处理技术

活性炭是一种由大孔、中孔、微孔组成的多孔性物质,对有机物的去除主要靠中孔和微孔的吸附作用。臭氧-活性炭联用深度处理技术采取"先臭氧氧化、后活性炭吸附,在活性炭吸附中又继续氧化"的方法。其基本原理是在炭层中投加臭氧,使水中的大分子转化为小分子,改变其分子结构形态,提供了有机物进入较小孔隙的可能性,使大孔内活性炭表面的有机物得到氧化分解,从而使活性炭可以充分吸附未被氧化的有机物,达到水质深度净化的目的。当然,臭氧-活性炭联用深度处理技术也有其局限性,如臭氧在破坏一些有机物结构的同时也可能产生一些有毒有害的中间产物。研究结果表明,水源经臭氧-活性炭吸附深度处理,氯化后出水水质可能仍具有致突变性。

2. 臭氧-生物活性炭工艺

臭氧-生物活性炭工艺是将活性炭物理化学吸附、臭氧化学氧化、生物氧化降解及臭氧灭菌消毒四种技术合为一体的工艺。首先利用臭氧预氧化作用,初步氧化分解水中的有机物及其他还原性物质,降低生物活性炭滤池的有机负荷,同时臭氧氧化能使水中难以生物降解的有机物断链、开环,转化成简单的脂肪烃,改变其生化特性。臭氧除了自身能将某些有害有机物氧化变成无害物外,在客观上还可以增加小分子的有机物,使活性炭的吸附功能得到更好的发挥。活性炭能够迅速地吸附水中的溶解性有机物,同时也能富集微生物,使其表面能够生长出良好的生物膜,靠本身的充氧作用,炭床中的微生物就能以有机物为养料大量生长繁殖好气菌,致使活性炭吸附的小分子有机物充分生物降解。臭氧-生物活性炭工艺能够有效地去除水中的有机物和氨氮,对水中的无机还原性物质、色度、浊度也有很好的去除效果,并且能有效地降低出水致突变活性,从而保证了饮用水的安全。但该工艺对污染源水的指标(如氨氮含量)及原处理工艺(如预氯化)部分有一定的要求。

臭氧-生物活性炭工艺是目前世界上公认的去除饮用水中有机污染物最为有效的深度处理方法之一。该工艺是在活性炭吸附的基础上发展起来的,综合了臭氧、活性炭两者的优点。若单独使用臭氧,成本高,且水中生物可同化有机碳(AOC)增加,导致水的生物稳定性变差;若单独使用活性炭,其吸附及微生物降解协同作用效果减弱,吸附的饱和周期缩短,为保持水质目标,必须经常再生。臭氧-生物活性炭工艺则有效地克服了以上两者单独采用的局限性,又充分发挥了两者的优点,使水质处理效果大为改善。此外,采用臭氧-生物活性炭工艺还能有效地降低 AOC(生物可同化有机碳)值,使出水的生物稳定性大为提高,而活性炭上附着的微生物使其能长期保持活性,有效延长活性炭的再生周期。

【问题与讨论】

1. 什么叫生物活性炭?它有什么特点?

2. 吸附区高度对活性炭柱有何影响?如何从穿透曲线估计该区的高度?

3. 吸附的类型有哪些?各自有什么特点?

4. 吸附等温线有什么现实意义?

5. 做吸附等温线实验时,为什么要用粉状炭?

6. 吸附实验结果受哪些因素影响较大?该如何控制?

7. 实验结果讨论

(1)间歇式吸附与连续式吸附相比,吸附容量 q_e 和 N_0 是否相等?怎样通过实验求出 N_0 值?

(2)通过本实验,你对活性炭吸附有什么结论性意见?对本实验进一步改进有什么建议?

项目四　地下水源水质处理工艺

【学习目标】

一、知识目标

结合《生活饮用水卫生标准》(GB 5749—2006)标准，根据地下水的特点，重点掌握对铁、锰、氟、钙、镁离子进行相应处理工艺的基本原理、工艺构成；掌握进行水质处理同时形成报告的方法。

二、能力目标

能对地下水中铁、锰、氟、钙、镁离子进行相应处理，同时运用常规水质监测方法进行常规检测；具有通过检测数据分析处理效果的能力。

三、素质目标

培养适应饮用水水质处理岗位的职业素质，树立遵纪守法，爱岗敬业，团结协作，精益求精的精神，养成爱护设备，勤奋好学，认真负责，规范操作的习惯以及职业安全意识。

【情境描述】

　　我国有较丰富的地下水资源，其中有不少地下水资源含有过量的铁和锰，称为含铁、含锰地下水。水中含有过量的铁和锰，将给生活饮用及工业用水带来很大危害。长期饮用含锰量较高的水，可能给一些人生理上造成一定的影响；含铁、锰的水可使白色织物变黄，造成水管道堵塞，造成人们日常生活带来许多不便；此外，铁、锰含量高还会影响造纸、纺织、印染、化工、皮革的工业用水。因此，当以含铁、锰的地下水作为水源时，必须进行除铁、除锰处理。地下水一般水质较好，作为生活、生产用水水源具有很多优点。地下水中铁的含量一般为 $5\sim10$ mg/L，主要是 Fe^{2+}，有的地区还有 Fe^{3+}；含锰量一般为 $0.5\sim2.0$ mg/L，一般以 Mn^{2+} 的形式存在。

任务一　除铁、除锰工艺

知识点：1. 熟知除铁、除锰基本原理和原则。

　　　　2. 掌握铁、锰离子的危害。

　　　　3. 掌握去除铁、除锰离子的注意事项。

技能点：1. 能熟练地操作除铁装置。

　　　　2. 能分析除铁、除锰离子设施故障。

　　　　3. 能正确进行除铁、除锰处理效果分析。

数字资源 4-1
除铁、除锰工艺任务实施

数字资源 4-2
除铁、除锰工艺相关知识

【任务背景】

铁、锰都是构成生物体的基本元素，但是铁、锰过量也会给人们的生活和生产带来很多不便和危害。从生理学上讲，人体摄入过量的锰，会造成相关器官的病变。过量的铁危害人体肝脏，铁污染地区往往是肝病高发区；长期低剂量吸入过量的锰，会引起慢性中毒，可出现震颤性麻痹，有类似于精神分裂症的精神障碍和帕金森病样锥体外系统症候群，最后成为永久性残废。锰的生理毒性比铁严重。每日给兔每千克体重 $0.5\sim0.6$ g 的锰就能阻止其骨骼发育。人体含铁量为 $60\sim70$ mg/kg，人体中锰含量为 $12\sim20$ mg/kg。人们每天食用粮食、蔬菜即可满足对铁、锰的需求，希望饮用水中的铁、锰是越少越好。世界各国生活饮用水标准对于铁、锰含量都有明确规定：铁、锰质量浓度之和为 0.3 mg/L，锰的允许质量浓度为 0.05 mg/L。我国饮用水标准规定：铁允许质量浓度为 0.3 mg/L，锰的允许质量浓度为 0.1 mg/L。

【任务实施】

一、准备工作

所需检验项目	除铁工艺	
所需设备	除铁装置 1 套，包括曝气柱、鼓风机、水泵、压力除铁柱、反应水箱、贮水箱各 1 台	
	取样管 2 支，点滴板 2 块	
所需试剂	0.5%邻二氮菲	$K_3[Fe(CN)_6]$
所需玻璃器皿（规格及数量）	10 mL 烧杯 3 只	
	100 mL 烧杯 1 只	
所需其他备品	洗瓶	
团队分工	物品准备员： 记录员： 检验员： 监督员：	

二、测定要点

①将约 2 g 的硫酸亚铁溶于 1 000 mL 的烧杯中，倒入贮水箱，作为待处理水。

②先确定 Fe^{2+} 的存在，以下两种方法选择一种即可。

方法一：先取 0.5 g 邻二氮菲，加入装有 100 mL 水的烧杯中，制成 0.5% 的邻二氮菲；取 1 滴待处理水于点滴板上，加 2 滴 0.5% 的邻二氮菲，生成橘红色的络合物 $[Fe\text{-}(Phen)_3]^{2+}$，证明 Fe^{2+} 存在。

方法二：用 1 g $K_3[Fe(CN)_6]$ 加入装有 10 mL 水的烧杯中，制成 $K_3[Fe(CN)_6]$ 溶液；取 1 滴待处理水于点滴板上，加 1 滴 $K_3[Fe(CN)_6]$ 溶液，立即生成蓝色沉淀，证明 Fe^{2+} 存在。

③启动除铁工艺装置（图 4-1），操作步骤如下。

a. 开启进水阀，使水进入预氧化池，启动鼓风机，使气、水充分接触，进行充氧曝气。

b. 开启压力除铁滤柱进水阀门，启动加压泵，将预氧化池中的水打入过滤柱，经锰砂滤层过滤。

c. 取水检验，经检验没有 Fe^{2+} 存在时，关闭排水阀，开启出水阀，使之流入贮水箱。

注意，检验方法取以下两种方法中的一种即可。

方法一：取处理好的水 10 mL 于烧杯中，加入几滴 0.5% 的邻二氮菲，若没有变成橘红色，则 Fe^{2+} 不存在。

方法二：取处理好的水 10 mL 于烧杯中，加入几滴铁氰化钾，若没有生成蓝色沉淀，则 Fe^{2+} 不存在。

d. 反冲洗：当进出水压力差 ≥ 0.05 MPa 时，关闭进出水阀门，开启反冲洗阀门，进行反冲洗，至水变清为止。

e. 关闭反冲洗阀门，如果水中仍有 Fe^{2+}，可继续重复除铁过程。

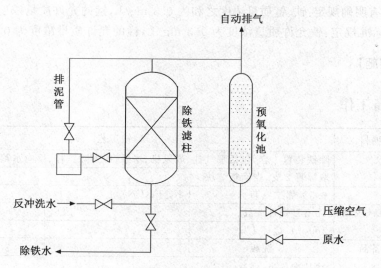

图 4-1　除铁工艺装置

三、实施记录

实施记录单

任务			检验员		时间	

一、器材准备记录

数量记录：

异常记录：

不足记录：

二、操作记录

操作中违反操作规范、可能造成污染的步骤：

操作步骤有错误的环节：

操作中器材使用情况记录（是否有浪费、破损、不足）：

三、原始数据记录

Fe^{2+}	10 min	20 min	30 min	40 min	50 min	60 min
存在性分析						
含量						

绘制曲线

四、成果评价

考核评分表

序号	作业项目	考核内容	分值	操作要求	考核记录	扣分	得分
一	仪器调校 (10分)	仪器预热	5	已预热			
		波长正确性、吸收池配套性检查	5	正确			
二	溶液配制 (15分)	比色管使用	5	正确规范(洗涤、试漏、定容)			
		移液管使用	5	正确规范(润洗、吸放、调刻度)			
		显色时间控制	5	正确			
三	设备使用 (30分)	调"0"和"100"操作	5	正确规范			
		测量由稀到浓	5	正确规范			
		参比溶液的选择和位置	5	正确			
		读数	5	是			
		启动除铁装置	5	正确			
		启动反冲洗	5	及时、准确			
四	数据处理和实训报告 (40分)	工作曲线绘制,报告	15	合格			
		准确度	15	正确、完整、规范、及时			
		工作曲线线性	0	<0.99　　差			
			4	0.99～0.999　一般			
			8	0.999 1～0.999 9　较好			
			10	>0.999 9　好			
五	文明操作结束工作 (5分)	物品摆放整齐,仪器结束工作	5	仪器拔电源,盖防尘罩;比色皿清洗,倒置控干;台面无杂物或水迹,废纸、废液不乱扔、乱倒,仪器结束工作完成良好			
六	总分						

【相关知识】

一、地下水中的铁、锰及其危害

地下水中通常含有铁和锰。我国地下水中铁的浓度一般小于 $5\sim10$ mg/L，锰的含量在 $0.5\sim2.0$ mg/L。

地下水中的铁常以 Fe^{2+} 的形式存在，由于 Fe^{2+} 在水中的溶解度较大，又加上地下水中溶解氧浓度较低，所以刚抽上来的含铁地下水清澈透明。

但水中的 Fe^{2+} 一旦和空气接触，便会被空气中的氧所氧化，生成难溶于水的三价铁，进而形成铁的氢氧化物从水中析出。地下水中的锰以 $+2$、$+3$、$+4$、$+6$ 和 $+7$ 价的氧化态存在。$+2$ 价锰溶解度高，是主要处理对象。

地下水中铁的危害有：铁腥味，影响口感；色度问题；锈斑问题；铁质沉淀物 Fe_2O_3 会滋生铁细菌，阻塞管道，自来水会出现红水。

地下水中锰的危害有：色、嗅和味的问题；水质呈棕色或黑色。

我国饮用水水质标准中规定，铁、锰浓度分别不得超过 0.3 mg/L 和 0.1 mg/L，铁、锰含量超过标准的原水须经除铁、除锰处理。

二、除铁、除锰工艺

长期以来，人们一直使用物理化学的方法去除水中的二价铁和二价锰。美国从 1950 年就将锰质绿砂有效地运用到水的除铁和除锰过程中。

(一)除铁工艺

1. 曝气氧化法

曝气氧化法是指用空气中的氧将 Fe^{2+} 氧化成 Fe^{3+}，经沉淀、过滤后分离亚铁离子的氧化过程，其反应式如下：

$$Fe^{2+}+O_2+H_2O \longrightarrow Fe^{3+}+OH^- \quad （氧化）$$
$$Fe^{3+}+H_2O \longrightarrow Fe(OH)_3\downarrow+H^+ \quad （水解）$$
$$Fe^{2+}+O_2+H_2O \longrightarrow Fe(OH)_3\downarrow+H^+$$

除铁所需的溶解氧量为：

$$[O_2]=0.14a[Fe^{2+}]$$

其中，a 为过剩溶氧系数，$a=3\sim5$。

曝气的目的有：溶氧，散除 CO_2，提高 pH，增大氧化速度。提高曝气效果的方法是增大气、水的接触面积。常见的曝气装置有气泡式曝气装置(将空气以气泡形式分散于水中)、水气射流泵曝气装置、压缩空气曝气装置、跌水曝气装置、叶轮表面曝气装置等。

2. 氯氧化法

氯是比氧更强的氧化剂，氯与二价铁的反应式如下：

$$Fe^{2+}+Cl_2 \longrightarrow Fe^{3+}+Cl^-$$

含铁地下水经加氯氧化后，再通过絮凝、沉淀和过滤以去除水中生成的 $Fe(OH)_3$ 沉淀。

可根据水中含铁量的多少,对工艺进行取舍。

3. 接触过滤氧化法

接触过滤氧化法是以溶解氧为氧化剂,以固体催化剂为滤料,从而加速二价铁氧化的除铁方法。含铁地下水经曝气后,进入滤池,二价铁先被吸附在滤料表面,后被氧化,氧化生成物(氢氧化铁覆盖膜)作为新的催化剂参与反应,为自催化反应。

4. 各除铁工艺的特点(表 4-1)

(1)曝气氧化法　不需投加药剂,滤池负荷低,运行稳定,原水含铁量高时仍可采用;但不适用于溶解性硅酸含量较高及高色度地下水。

(2)氯氧化法　适用于一切地下水,当 Fe^{2+} 量较低时,可取消沉淀池、絮凝池;缺点是形成的泥渣难以浓缩、脱水。

(3)接触过滤氧化法　不需投药,流程短,出水水质好;但不适用于含还原性物质多及色度高的原水。

表 4-1　除铁工艺的特点

工艺方法	主要特点
曝气氧化法	利用空气中的氧气与水中的+2 价铁和锰接触,将其氧化成+3 价铁和+4 价锰的化合物,然后经沉淀、过滤以达到除铁、除锰的目的。此过程去除铁、除锰所需的 pH 应不低于 7.0,pH 越高,氧化速度越快。向水中曝气的目的除了提供足够的氧气外,还可去除水中的 CO_2 以提高水的 pH
曝气接触氧化法	经过曝气,使得含有溶解氧的水通过含有铁质和锰质的活性滤料,在所含铁质和二氧化锰的催化作用下,二价的铁和锰的氧化速率大大加快,进而被活性滤料去除。其中,活性滤料可以是天然锰砂,也可由普通的砂滤料经熟化而形成。接触氧化法所需的 pH 不低于 6.0,一般要大于 7.0。此过程曝气的目的是向水中提供足够的氧气
氯氧化法	氯是比氧更强的氧化剂,当 pH 大于 5.0 时,氯就可以迅速地将二价铁和锰氧化成三价铁和四价锰。后经滤砂过滤,去除生成的铁、锰絮凝物
药剂氧化法	药剂氧化法是利用具有强氧化性的化学药剂来氧化水中的二价铁和二价锰,例如高锰酸钾氧化、氯氧化等
生物法	铁细菌不仅能有效地去除铁、除锰,同时还能以水中氨为营养源,进行新陈代谢,在其他细菌参与下,同时达到去氨氮的效果

(二)除锰工艺

铁和锰化学性质相似,常共存于地下水中,但铁的氧化还原电位低于锰,更容易被空气中的氧气氧化,相同 pH 时二价铁比二价锰的氧化速率快,以致影响二价锰的氧化,因此地下水除锰比除铁困难。地下水中的锰以二价形态存在,锰不能被溶解氧氧化,也难以被氯直接氧化。

1. 高锰酸钾氧化法

高锰酸钾的氧化性比氯强,可将锰由二价氧化成四价:

$$Mn^{2+} + KMnO_4 + H_2O \longrightarrow MnO_2 + K^+ + H^+$$

2. 氯接触过滤法

含 Mn^{2+} 的地下水投氯后,流经包覆着 $MnO(OH)_2$ 的滤层,Mn^{2+} 被 $MnO(OH)_2$ 吸附;然后在 $MnO(OH)_2$ 的催化作用下,Mn^{2+} 被氯氧化为 Mn^{4+};Mn^{4+} 再与滤料表面原有的 $MnO(OH)_2$ 形成化学结合物——新生的 $MnO(OH)_2$;新生的 $MnO(OH)_2$ 具有催化作用,催化氯对 Mn^{2+} 的氧化反应。此法中,滤料表面发生吸附反应与再生反应的交替循环,最后完成除锰过程。滤料主要为天然锰砂,对 Mn^{2+} 的吸附能力强。

3. 生物固锰除锰法

生物固锰除锰法是在 pH 中性范围内,依靠 Mn^{2+} 氧化菌的氧化作用来除锰的方法。Mn^{2+} 吸附在细菌表面,在细菌胞外酶的催化作用下氧化成 Mn^{4+}。含锰地下水经曝气充氧后,进入生物除锰滤池,滤池须接种除锰菌,并经培养和驯化。曝气采用跌水曝气等简单的充氧方式。

(三)除铁、锰的工艺流程应根据下列条件确定

①pH>6,含铁量≤10 mg/L;或含锰量≤0.5 mg/L 时,采用单级处理。

②pH>6,含铁量为 10～20 mg/L 时,采用双串联级处理。

③同时含铁和锰,且含铁量≤2.0 mg/L,含锰量≤1.0 mg/L 时,采用单级除铁、除锰处理。

④同时含铁和锰,且含量均超过上述数值时,应通过试验确定,一级除铁,二次除锰。

⑤同时含铁和锰,且除铁受硅酸盐影响时,应通过试验确定,双级曝气,一级除铁,二次除锰,进水 pH 宜大于 7.0。

⑥pH=5.5～6.0,含铁量≤5 mg/L 时,采用单级处理,但需做水质稳定性预处理。

⑦pH<5.5 或含铁量>20 mg/L,或铁、锰含量均较高时,须根据水质情况确定工艺流程。

⑧除锰滤池滤前水的 pH 宜达到 7.5 以上,二次过滤除锰滤池的滤前水含铁量控制在 0.5 mg/L 以下。

三、除铁、除锰原理

(一)氧化理论

由于铁和锰的性质很相似,所以去除铁和锰的原理也相同,即用氧化法充分曝气,把水中溶解态的+2 价铁和锰氧化成+3 价铁和+4 价锰的不溶态化合物 $Fe(OH)_3$ 和 MnO_2,经氧化和絮凝后,生成的铁、锰沉淀物可经过滤而去除,从而达到除铁、除锰的功效。

(二)"活性滤膜"理论

在除铁过程中,天然锰砂的颗粒表面会逐渐形成一层棕黄色物质,这是具有接触催化除铁作用的外壳膜。可以用反冲洗前后除铁能力的变化来说明这层膜的催化氧化作用。天然锰砂在催化除铁过程中阻力逐渐增大,当锰砂的过滤阻力增加到设计值时须进行反冲洗,反冲洗过程中部分表层滤膜被冲洗掉,之后发现天然锰砂的催化除铁能力大大降低,需经过一定时间滤膜重建后才能恢复其除铁能力。所以天然锰砂的冲洗强度不宜过大,时间不宜过长,要尽可能减少滤膜受到破坏。

经研究,活性滤膜是一种羟基氧化铁(FeOOH),其具有 α、β、γ、δ 4 种结晶形式,其中只有 γ-FeOOH 的除铁效果显著。

为加快活性滤膜的生成，缩短锰砂的稳定期，提高除铁、除锰效果，一般在锰砂过滤器的进水采取氧化法。氧化常用曝气或加氧化剂的方法。当含 Fe^{2+}、Mn^{2+} 的地下水经过曝气或加入氧化剂后，水中的 Fe^{2+}、Mn^{2+} 开始氧化，形成不溶于水的 Fe^{3+} 和 MnO_2，流经锰砂滤层时，被天然锰砂吸附、催化，生成氢氧化物水合分子 $Fe(OH)_3 \cdot H_2O$ 和 $Mn(OH)_n \cdot xH_2O$，形成新的活性滤膜。

四、运转方法

(一)锰砂过滤器运行参数

①锰砂粒度：1.0～2.0 mm（粒度越小，运行压差越大；粒度越大，出水浊度越大）。

②填充高度：1 000～1 500 mm（由进水中铁、锰含量确定）。

③运行流量：6～10 m/h（除铁）；5～8 m/h（除锰）。

④反冲洗水强度：4～10 $L/(m^2 \cdot s)$［一般选用 25 $m^3/(m^2 \cdot h)$］。

⑤反冲洗时间：5～15 min。

⑥运行周期：根据原水的浊度而定，一般不少于 8 h。

⑦出水要求（饮用水标准）：含铁量≤0.3 mg/L；含锰量≤0.1 mg/L；出水浊度＜3 NTU。

(二)锰砂过滤器运行注意事项

①由于锰砂需要生成一层活性滤膜，故在初次运行时，锰砂滤层应该连续冲洗 30～50 h。注意不能脉冲式进水冲洗。锰砂滤膜的成熟期一般为 10～30 h。

②pH 的调控：pH 越高，Fe^{2+}、Mn^{2+} 的氧化速率越快；pH＞5.5 时，铁的氧化率明显加快；pH＞9 时，锰的氧化率也会明显加快。

③锰砂过滤器停用后，滤层会发生松动，活性滤膜会受影响，出水水质会变差。长期停运的锰砂过滤器再次启动时，必须进行冲洗。

④活性滤膜比较疏松，不能长时间用大水量冲洗，因为反冲洗时间必须考虑活性滤膜的稳定。

⑤注意粒度、填充高度的选择。

(三)锰砂再生

锰砂经过使用一段时间后，其表面不断吸附铁、锰，吸附层越来越厚，逐渐发生"饱和"和"钝化"现象，也可能出现"锈砂"情况，以致慢慢失去除铁、除锰效果。更换锰砂成本高，费时，因此需要对锰砂进行再生处理，方法如下。

①药液配比：高锰酸钾溶液 5%～10%。

②根据锰砂过滤器的直径，算出其容积（如过滤器为 $D2\,400\,mm \times H1\,500\,mm$ 时，锰砂总容积为 4.5 m^3）。

③打开排气阀，排水阀，排水时间 10～15 min，把水位放低到滤层上方 10 cm。

④打开再生泵进出水阀，罐体再生进出阀，启动再生泵。

⑤打开药箱进水阀，药箱满水后，慢慢向药箱加入 300～600 kg 高锰酸钾固体，溶解后吸入罐体内。

⑥当全部药液溶解吸入后，继续循环 3～5 h。再生结束。

⑦再生结束后，将残液排走。利用高锰酸钾再生时，残液含有高锰酸钾，颜色很红，需要

中和后再排放。中和液采用亚硫酸氢钠溶液（还原剂），与再生液用量比例为 1∶1。排放液不呈颜色为止。

⑧再生后的锰砂必须经过长时间冲洗，直至锰砂出水清澈为止。冲洗时，也要加还原剂给予中和排放。

(四)反冲洗

当除铁、除锰装置因截留过量的机械杂质而影响其正常工作时，可用反冲洗的方法来进行清洗。利用逆向进水，同时通入压缩空气，进行气、水混合擦洗，使过滤器内砂滤层松动，可使黏附于锰砂表面的截留物剥离并被反冲水流带走，有利于排除滤层中的沉渣、悬浮物等，并防止滤料板结，使其充分恢复截污能力，从而达到清洗的目的。反冲洗以进出口压差参数设置来控制周期，经验得知一般为 1 d，具体必须视原水浊度而定。一般反冲洗至排水浊度＜3 mg/L，且不少于 20 min。

五、影响因素

影响 Fe^{2+} 和 Mn^{2+} 氧化反应的因素实际上就是影响除铁和除锰的因素，有如下几个方面。

1. pH 的影响

实验证明，在 $t=20℃$，$P_{O_2}=20$ kPa（水中溶解氧分压）时，$\lg([Fe^{2+}]_t/[Fe^{2+}]_0)$ 和 t 是一条直线关系。其中，$[Fe^{2+}]_t$ 为经过反应时间 t 后 Fe^{2+} 的浓度；$[Fe^{2+}]_0$ 为 Fe^{2+} 的起始浓度。

当 pH＝7 时，$t<30$ min，Fe^{2+} 的浓度就可以减少到 1%；但 pH＝6.5 时，$t=30$ min，Fe^{2+} 的浓度只能减少到 60%。

通常地下水的 pH 略低于 7，因此在实践工程中，自然氧化除铁工艺中地下水在氧化池中的逗留时间为 1～2 h，使池的容积增大。

Mn^{2+} 可以被氧化成 MnO_2 固体，其氧化反应为：

$$Mn^{2+}+O_2+H_2O \longrightarrow MnO_2 \cdot H_2O$$

此反应在自然氧化条件下进行得极其缓慢，完成整个反应过程大约需要 46 d。

采用接触氧化除铁、除锰工艺时，pH 对反应的影响大大降低——对于氧化二价锰，pH 只要维持在 7 左右就完全可被氧化生成 MnO_2 沉淀而去除；对于 Fe^{2+}，在 pH 低于 7 时即可顺利完成除铁过程。

如图 4-2 所示，只有将 pH 提高到 9 以上时，氧化速率才明显加快。这说明在相同的 pH 条件下，Mn^{2+} 比 Fe^{2+} 更难氧化。

总的来说，pH 对 Fe^{2+} 和 Mn^{2+} 的自然氧化速率影响极大，只有把 pH 提高到 8～9 以上才可，即实际操作需要先加碱，后加酸，极为复杂。

2. 水的碱度影响

地下水中的碱度，主要是 HCO_3^-。

Fe^{2+} 被水中溶解氧氧化，生成 $Fe(OH)_3$ 时，产生 H^+，反应式为：

$$Fe^{2+}+O_2+H_2O \longrightarrow Fe(OH)_3 \downarrow +H^+$$

同样，Mn^{2+}被氧化时也会产生氢离子。

氢离子将和水中的HCO_3^-生成H_2CO_3，进而生成CO_2和H_2O，从而减少了水中的碱度。

当水中的碱度足够大，足以中和Fe^{2+}氧化水解产生的酸时，水的pH变化不大，所以一般不会影响Fe^{2+}和Mn^{2+}的氧化反应，即不会影响除铁、除锰的效果。

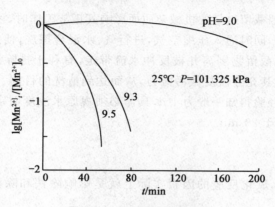

图4-2　pH与除锰的关系图

3. 水温的影响

水温对除铁、除锰有较大影响。水温高，Fe^{2+}和Mn^{2+}的氧化反应速率提高，除铁、除锰的效果好。实验证明，水温每升高15℃，Fe^{2+}的氧化反应速率增加约10倍。

4. 水中硫化氢的影响

H_2S是一种弱酸，在水中能微弱的解离：

$$H_2S \rightleftharpoons H^+ + HS^- \qquad k_1 = 1 \times 10^{-7}(20℃)$$

$$HS^- \rightleftharpoons H^+ + S^{2-} \qquad k_2 = 1 \times 10^{-13}(20℃)$$

在天然水的pH条件下，硫化氢主要进行一级解离，而第二级解离极其微弱，所以天然水中硫化氢的存在形式主要是分子态的H_2S和离子态的HS^-。

硫化氢的标准氧化还原电位约-0.36 V，是一种比较强的还原剂，所以它对Fe^{2+}的氧化反应有阻碍作用。当水中硫化氢含量较高时，宜加强曝气将其散除，以避免影响除铁、除锰效果。

5. 水中溶解性硅酸的影响

水中的溶解性硅酸（SiO_2）在一般条件下，对铁质活性膜吸附交换二价铁离子过程影响并不明显，因此接触氧化法在含有溶解性硅酸的水中，仍能获得良好的除铁效果。但是，铁质活性膜对溶解性硅酸也是一种良好的吸附剂，被吸附的硅酸在滤膜表面会生成硅铁络合物，从而造成滤层的接触催化活性降低。

水中溶解性硅酸对接触氧化除铁效果的影响主要与水质有关。一般而言，水中含铁较高时，活性滤膜更新较快，其影响程度较小；反之，影响程度较大。

六、维护管理

1. 日常维护管理

日常运行检查经过试车、调试进入正常生产后，操作人员每天要定期巡回检查设备现场，并将巡回检查的结果如实记录下来，与运行记录一起总结，作为定期维修的资料。除铁、除锰工艺日常管理见表 4-2。

表 4-2　除铁、除锰工艺日常管理

检查周期	检查项目	检查方法或检查点	备注
每班数次	检查有否漏水	设备的各密封部位及附属阀门等各处是否漏水	如有漏水，找出漏水点位置及原因，及时止漏
	检查有否振动	阀门开闭时是否有不正常的振动	如有振动，查明原因，及时采取解决措施
	检查各压力点	检查各压力点压力表的示值，验证有无不正常压力	如有异常压力，对照相关资料，查明原因
	检查流量	检查流量计示值，验证其是否表示正常流量	如流量表示不正常，及时查明原因，排除故障

2. 定期检查

正常生产 1 年以后，设备要进行定期检查。定期检查是为了保证设备第二年一年之内无事故地安全运行。

为了缩短定期检查的停车时间，在检查人员和检修工人人数许可的情况下，应尽量与水站其他设备装置的检查同时进行。检查时如发现有异常，一定要及时处理，并给予解决。除铁、除锰工艺定期检查项目见表 4-3。

表 4-3　除铁、除锰工艺定期检查项目

序　号	检查项目	检查方法及处理方法
1	填料检查	检查石英砂滤料，如石英砂污染严重，则应全部予以更换
2	橡胶衬里层检查	目视观察检查，发现衬胶层有气泡、裂纹、胶剥离、微孔等要进行修补
3	内部紧固件检查	检查滤器内的螺栓螺母等紧固件，如有松动应重新拧紧
4	内部清洗	水冲洗后用废布条把滤器内部清洗干净
5	重新装填滤料	按规定数量、要求向滤器内重新装填滤料，测量填料量是否达到所需量，补充不足部分
6	人孔密封垫检查	检查人孔密封垫是否变形，如有变形应予以更换，把螺栓螺母浸在清洗油内，彻底除锈；安装人孔盖时螺栓螺母要涂上黄油

【问题与讨论】

1. 简述铁、锰离子的危害及其处理方法。

2. 铁、锰离子在处理过程中相互干扰的原因是什么？如何避免？

3. 铁、锰离子在处理过程中的"生物滤膜"是什么？起到什么作用？

任务二　除氟工艺

知识点:1.熟知除氟离子基本原理和原则。
　　　　2.掌握水中氟离子的危害。
　　　　3.掌握去除氟离子的注意事项。
技能点:1.能熟练地操作除氟装置。
　　　　2.能分析除氟离子设施故障。
　　　　3.能正确进行除氟处理效果分析。

数字资源 4-3
除氟工艺任务实施

数字资源 4-4
除氟工艺相关知识

【任务背景】

氟是人体内重要的微量元素之一,氟对人体有着重要的生理调节功能。但是长期饮用含氟量大于 1.0 mg/L 的高氟水,就会使氟在人体内蓄积,患者出现骨骼损害及神经系统病变,导致氟中毒,医学上称之为氟骨症。氟骨症对骨组织的损害主要表现为腰腿痛、骨关节疼痛而僵直、骨骼变形及脊神经根受压迫等一系列临床症状和体征,严重的可导致丧失劳动能力。正常情况下人体需要一定含量的氟,其对龋齿有良好的预防作用。但过量的氟却会阻碍牙釉质发育,影响牙齿正常的钙化过程,如果持续饮用高氟水 2 年以上则可能出现氟斑牙。负一价是自然界中氟唯一的存在形式,而大多数氟化物都有一定的水溶性,因此天然水中氟离子浓度的大小随其流经的土壤、岩石的含氟量变化而变化,并且在一定程度上,含氟量也与其流经的土壤、岩石的 pH 和温度等因素有关。

【任务实施】

一、准备工作

所需检验项目	除氟工艺	
所需设备	PF-1 氟离子选择电极;PXS-270 型离子活度计 连续振荡器	
所需试剂	NaF	
所需玻璃器皿(规格 及数量)	10 mL 烧杯 3 只	
	100 mL 烧杯 1 只	
所需其他备品	洗瓶	
团队分工	物品准备员: 记录员: 检验员: 监督员:	

二、测定要点

1. 实验内容

实验所用活性氧化铝为浙江温州活性氧化铝厂生产,粒径 1～3 mm;骨炭为山东清河BC 除氟剂厂生产,粒径 2～4 mm。本实验主要研究了除氟剂的除氟性能、影响因素、吸附容量及再生条件。

2. 实验方法

实验中所用高氟原水为自来水加氟化钠溶液配制,氟离子检测方法为离子选择电极法。

(1)静态吸附实验(图 4-3)　在数个带塞的锥形瓶中,固定吸附剂的投入量,加入 1 L 浓度不同的高氟水,恒温(25±2.0)℃连续振荡,达到吸附平衡后测定溶液中剩余氟离子浓度。

(2)动态实验(微柱实验)　如图 4-4 所示,吸附柱为 <50 mm×1 000 mm 的有机玻璃柱,pH 为 7.5 左右,选取不同的控制参数进行下向流连续通水实验,每隔一定时间测定出水氟离子浓度,终点氟浓度设为 1.0 mg/L。

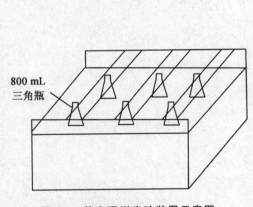

图 4-3　静态吸附实验装置示意图

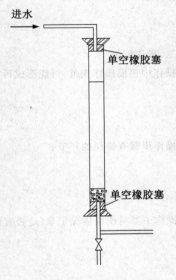

图 4-4　动态实验装置示意图

(3)再生实验　将使用后的活性氧化铝用 1%浓度硫酸铝溶液按体积比 1∶1 浸泡 36 h并进行充分冲洗,然后在原水浓度为 5 mg/L,停留时间为 15 min 的条件下进行连续吸附实验。选定硫酸铝再生液浓度为 1%,再生时间分别为 12,24,36 h,再生后活性氧化铝在同样条件下进行连续吸附实验。

(4)实际高氟水处理实验　使用活性氧化铝和骨炭为除氟剂,对某地高氟水进行除氟实验,并对处理前后的水质进行分析。

三、实施记录

实施记录单

任务			检验员		时间	

一、器材准备记录

数量记录：

异常记录：

不足记录：

二、操作记录

操作中违反操作规范、可能造成污染的步骤：

操作步骤有错误的环节：

操作中器材使用情况记录（是否有浪费、破损、不足）：

三、原始数据记录

投加量 (m)/mg	原水 NaF 浓度(c_0) /(mg/L)	吸附平衡后 NaF 浓度(c) /(mg/L)	平均值	lg$c$	c_0-c	$(c_0-c)/m$	lg$(c_0-c)/m$
100							

吸附等温线绘制

lg$K$	1/n	K	n

原水浓度＝　　　　　　　允许出水浓度 c_0＝

炭柱厚 H_1＝

工作时间(t)/min	出水浓度		
	滤速 1	滤速 2	滤速 3

吸附剂(活性氧化铝)再生

项目	再生时长/h		
	12	24	36
η_{NaF}			

废水吸附实验结果

流速(V)/(m/h)	吸附前 NaF 浓度(c_0)/(mg/L)	吸附后 NaF 浓度(c_1)/(mg/L)	η

四、成果评价

考核评分表

序号	作业项目	考核内容	分值	操作要求	考核记录	扣分	得分
一	仪器调校 (10分)	测量仪器预热	5	已预热			
		振荡器配置	5	正确			
二	溶液配制 (15分)	容量瓶	5	正确规范(洗涤、试漏、定容)			
		移液管使用	5	正确规范(润洗、吸放、调刻度)			
		药品称量	5	正确			
三	设备使用 (30分)	静态实验	5	正确规范			
		动态试验	5	正确规范			
		再生实验	5	正确			
		实际水处理应用	5	是			
		控制流速	5	正确			
		读数	5	及时、准确			
四	数据处理和实训报告 (40分)	工作曲线绘制	15	合格			
			0	不合格			
		准确度	5	一般			
			10	较好			
			15	正确、完整、规范、及时			
		实训报告	0	差			
			4	一般			
			8	较好			
			10	好			
五	文明操作结束工作 (5分)	物品摆放整齐,仪器结束工作	5	仪器拔电源,归放到指定位置;玻璃器皿清洗,倒置控干;台面无杂物或水迹,废纸、废液不乱扔、乱倒,仪器结束工作完成良好			
六	总分						

【相关知识】

一、地下水中的氟及其危害

我国现行饮水、空气、粮食和蔬菜等的氟化物卫生标准如下：饮水不超过 1.0 mg/L（当原水氟化物含量超过标准时就要进行处理）；大气一次最高容许浓度为 0.02 mg/m³，日平均最高容许浓度为 0.007 mg/m³；大米、面粉、豆类、蔬菜、蛋类小于或等于 1.0 mg/kg；水果小于或等于 0.5 mg/kg；肉类小于或等于 2.0 mg/kg。

地方性氟病是由于一定地区环境中氟元素含量过多，从而导致生活在该环境中的居民通过饮水、食物、空气等途径长期摄入氟所引起的，以氟骨症和氟斑牙为主要特征的一种慢性全身性疾病。地方性氟病是地球上分布最广的地方病之一。

过量氟进入机体后与钙结合成氟化钙，主要沉积于骨组织中，少量沉积于软骨中，使骨质硬化，甚至可使骨膜韧带及肌腱等硬化。因大量的钙与氟结合，导致血钙浓度下降，当血钙浓度降至 6～7 mg/L 时，可出现缺钙综合征。由于血钙浓度下降，血磷和尿磷增高，从而诱发副甲状腺功能亢进；继而引起骨骼脱钙，骨质疏松及骨膜外成骨现象。因此，氟骨症早期可出现脊柱关节持续疼痛，进而关节活动障碍，肌肉萎缩，肢体麻木，僵直变形，甚至瘫痪。

二、除氟工艺

除氟的工艺现在有很多，概括起来主要包括吸附法、化学沉淀法和膜分离法。

（一）吸附法

由于吸附法具有成本低并且效果稳定的特点，故被广泛用于地下水除氟。吸附法是通过吸附剂与氟离子发生吸附作用、离子交换作用以及络合作用，从而将氟离子浓度降低的过程。就当前而言，国内外使用的吸附剂种类繁多。常用除氟的吸附剂有氧化铝、活性氧化铝、活性炭、骨炭、沸石、硅藻土、粉煤灰、稀土类金属络合物等。

（二）化学沉淀法

化学沉淀法是当前除氟技术中运用最广泛，并且最适合用于去除高氟地下水中氟离子的方法。化学沉淀法的原理是通过向水中加入某种阳离子与无机混凝剂而将氟离子除去。化学沉淀法根据所使用的化学药品的种类可分为石灰沉淀法、电石渣沉淀法、钙盐-磷酸盐法、钙盐-铝盐法、钙盐-镁盐法等。

（三）膜分离法

膜分离法是利用隔膜将氟离子与水分开的技术，主要包括纳滤、电解析和反渗透等技术。相比纳滤和电解析技术，反渗透技术是当今在除氟领域较为先进的技术。反渗透技术是在一定的渗透压力作用下，借助半透膜进行有选择的截留，从而将氟离子与水分离。膜分离法在饮用水除氟中的效率一般都比较高，是一种应用前景广阔的新型饮用水除氟技术。

三、除氟原理

活性氧化铝是白色颗粒状多孔吸附剂，有较大的比表面积，当水的 pH 小于 9.5 时可吸附阴离子，大于 9.5 时可去除阳离子。因此，在酸性溶液中活性氧化铝为阴离子交换剂，对氟有极大的选择性。

活性氧化铝在使用前可用硫酸铝溶液活化,使之转化成为硫酸盐型,反应如下:

$$(Al_2O_3)_n \cdot 2H_2O + SO_4^{2-} \longrightarrow (Al_2O_3)_n \cdot H_2SO_4 + OH^-$$

活性氧化铝除氟时与 F^- 进行离子交换,反应如下:

$$(Al_2O_3)_n \cdot H_2SO_4 + F^- \longrightarrow (Al_2O_3)_n \cdot 2HF + SO_4^{2-}$$

活性氧化铝失去除氟能力后,可用 1%～2% 浓度的硫酸铝溶液再生,其用量与除氟量之比为 60:1,运行 3～4 个月用浓度 3.5% 的硫酸铝溶液清洗一次,清洗后可用除氟水进行冲洗,时间 8～10 min,当原水 pH 大于 7 时,一般用二氧化碳气体进行调节。

$$(Al_2O_3)_n \cdot 2HF + SO_4^{2-} \longrightarrow (Al_2O_3)_n \cdot H_2SO_4 + F^-$$

每克活性氧化铝所能吸附氟的重量,一般为 1.2～4.5 mg。

四、活性氧化铝法的运转方法

以活性氧化铝为滤料的除氟工艺,除氟滤池的原水含氟量宜小于 10 mg/L,悬浮物不宜超过 5 mg/L。当原水中含砷量超过 0.05 mg/L 时,应通过试验确定除氟的工艺参数。

(一)滤料

(1)活性氧化铝的粒径不得大于 2.5 mm,一般宜为 0.4～1.5 mm。

(2)活性氧化铝应有足够的机械强度。

(二)吸附

①在原水接触滤料之前,宜降低 pH,其降低值应通过技术经济比较确定,一般宜调整至 6.0～7.0。

②原水可采用投加硫酸、盐酸、醋酸等酸性溶液或投加二氧化碳气体来降低 pH,投加量应根据原水碱度和 pH 计算或通过试验来确定。

③滤池的滤速可按下列两种方式采用:

a.当滤池进水 pH 大于 7.0 时,应采用间断运行方式,其设计滤速为 2～3 m/h,连续运行时间 4～6 h,间断 4～6 h。

b.当进水 pH 小于 7.0 时,可采用连续运行方式,其滤速为 6～10 m/h。

④原水通过滤料层的流向可采用自下而上或自上而下 2 种方式。当采用硫酸溶液调节 pH 时,宜采用自上而下方式。当采用二氧化碳调节 pH 时,宜采用自下而上方式。

⑤单个滤池除氟周期终点出水的含氟量可稍高于 1 mg/L,并应根据混合调节能力确定终点含氟量值,但混合后处理水含氟量应不大于 1.0 mg/L。

⑥滤料的周期吸附容量主要根据原水含氟量、pH、滤速、滤层厚度、终点含氟量及滤料性能等因素来选定。

a.当采用硫酸溶液调节 pH 为 6.0～6.5 时,一般可为 4～5 g(F)/kg(Al_2O_3)。

b.当采用二氧化碳调节 pH 为 6.5～7.0 时,一般可为 3～4 g(F)/kg(Al_2O_3)。

⑦单个滤池滤料厚度按下列规定采用:

a. 当原水含氟量小于 4 mg/L 时，滤料厚度宜大于 1.5 m。

b. 当原水含氟量在 4～10 mg/L 时，滤料厚度宜大于 1.8 m。

注意，当采用硫酸调 pH，规模较小、滤速较低时，滤层厚度可降为 0.8～1.2 m。

(三)再生

①当滤池出水含氟量达到终点含氟量值时，滤料应进行再生处理。再生液宜采用氢氧化钠溶液，也可采用硫酸铝溶液。

②当采用氢氧化钠再生时，再生过程可分为首次反冲洗、再生、二次反冲洗（或淋洗）及中和 4 个阶段。当采用硫酸铝再生时，上述中和阶段可以省去。

③首次反冲洗滤层膨胀率可采用 30%～50%，反冲洗时间可采用 10～15 min，冲洗强度视滤料粒径大小而定，一般可采用 12～16 L/(m² · s)。

④再生溶液宜自上而下通过滤层。再生液的流速、浓度和用量可按下列规定采用。

a. 氢氧化钠再生：可采用浓度为 0.75%～1% NaOH 溶液，氢氧化钠的消耗量可按每去除 1 g 氟化物需要 8～10 g 固体氢氧化钠来计算。再生液用量容积为滤粒体积的 3～6 倍，再生时间为 1～2 h，再生液流速为 3～10 m/h。

b. 硫酸铝再生：可采用浓度为 2%～3% 的硫酸铝溶液，硫酸铝的消耗量可按每去除 1 g 氟化物需要 60～80 g 固体硫酸铝 $\{AL_2(SO_4)_3 \cdot 18H_2O\}$ 来计算。再生时间可选用 2～3 h，流速可选用 1～2.5 m/h。

再生后滤池内的再生溶液必须排空。

⑤二次反冲洗强度可采用 3～5 L/(m² · s)，流向自下而上通过滤层，反冲时间可采用 1～3 h。淋洗采用原水以 1/2 正常过滤流量，从上部对滤粒进行淋洗。淋洗时间 0.5 h。

⑥采用硫酸铝作为再生剂，二次反冲洗终点出水 pH 应大于 6.5，含氟量应小于 1 mg/L。

⑦采用氢氧化钠作为再生剂，二次反冲洗（或淋洗）后应进行中和。中和可采用 1% 硫酸溶液调节进水 pH 至 3 左右，进水流速与正常除氟过程相同，中和时间为 1～2 h，直至出水 pH 降至 8～9 时为止。

⑧首次反冲洗、二次反冲洗、淋洗以及配制再生溶液均可利用原水。

⑨首次反冲洗、二次反冲洗、淋洗及中和的出水均严禁饮用，必须废弃。

(四)滤池

①滤池可采用敞开式或压力式，一般为圆形罐体。

②浓酸应稀释后投加，应注入原水管的中心。二氧化碳气体的投加应通过微孔扩散器来完成。

③滤池的结构材料应满足下列条件：

a. 符合生活饮用水水质的卫生要求。

b. 适应环境温度。

c. 适应 pH 2～13。

d. 易于维修和配件的更换。

④当采用滤头布水方式时，应在吸附层下面铺一层厚度为 50～150 mm，粒径为 2～4 mm 的石英砂作为承托层。

⑤计算滤池的高度时,滤层表面至池顶高度宜采用 1.5～2.0 m。

⑥反冲洗进出水管必须按首次反冲洗强度来选择管径,敞开式滤池反冲洗出水管可不安装阀门。

⑦滤池应设置下列配件:

a.进、出水取样管。

b.进水流量指示仪表。

c.观察滤层的视镜。

五、维护管理

(一)影响因素

1.吸附时间与吸附效果

各种吸附剂的吸附量均随吸附时间的延长而增加,但在一定时间后,吸附剂的吸附增量均趋于缓慢。

2.吸附剂投量与除氟效果

吸附剂的投量越少,吸附越充分,吸附效果越好。因此,采用吸附剂除氟时,应在保证出水合格的前提下,结合占地面积、吸附时间、处理规模,并结合再生方式和频率,选择最小的吸附剂用量。

3.溶液 pH 与除氟效果

活性氧化铝在 pH 7.0 左右对 F^- 吸附效果最差,酸性或碱性条件下,其吸附能力均明显提高。

(二)日常维护管理

①除氟处理前必要时可进行预处理,消毒工艺应放在除氟处理工艺的后面。除氟站应设置废液处理装置。再生活性氧化铝废液、二次反冲废水、淋洗废水及中和废水必须经处理后方可排放。

②除氟工艺可按连续运转设计。当站内有调节构筑物时,可按最高日平均时供水量设计;当无调节构筑物时,应按最高日最高时供水量设计。

③滤池应建造在室内,其布置应留有足够的空间,以保证阀门和仪器操作方便。

④多个滤池运行可根据实际情况确定串联或并联运行。

⑤多个滤池的运行周期应互相错开,处理水可选择管道混合或储水池混合。

⑥设置储水池时,其最小容积可按 50%的最高日用水量计算。

⑦在接触酸的区域附近必须为操作人员设置紧急淋浴和洗眼设备,操作人员工作时必须穿防护服。必须准备中和酸碱的化学品(如碳酸氢钠和硼酸溶液)处置溢漏,在可能出现溢漏的地区必须有盛装的容器。

⑧除氟站应设置化验台,主要检测氟化物和 pH。

⑨除氟站的管道一般可组成如下:

a.原水进水管。

b.处理水出水管。

c.废水排放管。

d.酸液管(或二氧化碳气体管)。

e.再生液(碱液或硫酸铝液)管。

f.取样管。

注意,酸、碱溶液管道的材料应采用塑料(例如聚氯乙烯)或不锈钢。

⑩可用化学沉淀或蒸发的方法处理废水,浓缩的废水或沉淀物可进行填埋或者回收氟化物。

(三)异常现象、原因及对策

除氟工艺中常见的异常现象、原因及对策见表 4-4。

表 4-4　除氟工艺中常见的异常现象、原因及对策

异常现象	原因及对策
氟离子吸附容量的下降	活性氧化铝对水中的砷有吸附作用,砷在活性氧化铝上的积聚造成对氟离子吸附容量的下降,且使再生时洗脱砷离子比较困难。应增加砷离子的监测和去除
	原水中重碳酸根浓度高,吸附容量将降低。可调节原水 pH
吸附容量不高	原水 pH 偏高,活性氧化铝吸附容量偏低,可调节原水 pH; 原水初始氟浓度偏低,可延长吸附时间

六、典型设备

(一)除氟设备的工作原理

当原水流经除氟器时,水与除氟器内部核心滤层中的天然矿物质滤料接触,通过物理、化学反应吸附、离子交换,水中的氟离子被滤料吸附、交换,水中的氟离子即被去除,从而使水中的氟含量达到国家《生活饮用水卫生标准》(GB 5749—2006)规定的 1.0 mg/L 以内。经过一段时间的运行后,天然矿物质滤料吸附交换饱和,需要通过再生系统进行再生,再生后滤料性能恢复如初,可长期反复使用。再生剂可采用硫酸铝钾(明矾)。

(二)除氟设备的主要特点

①对人体有益的新型天然矿物质滤料。

②高效除氟,同时去除水中多种有害物质。

③性能稳定,使用寿命可达 30 年;运行费用低,一般 0.3 元/t 水。

④结构简单,占地面积小,操作维护管理简便。

⑤规模灵活,可大可小,可按用户要求设计制造。

⑥备有手动、半自动、全自动规格供用户选择。

(三)除氟设备的主要技术参数

①工作压力:0.05～0.6 MPa。

②工作温度:5～40℃。

③操作方式:手动或自动控制。

④过滤速度:2.5 m/h。

⑤筒体材料:304,316L,Q235,玻璃钢。

(四)除氟设备的产品结构

本装置由除氟罐、滤料、再生装置、管路阀门等组成,根据不同的氟含量和处理水量,可选择不同大小的设备。

(五)除氟器的选用方法

除氟器的大小依据水量而定,根据用途不同可选用钢制或玻璃钢。除氟装置有固定床和流动床两类。固定床的水流一般为升流式,滤层厚度1.1~1.5 m,滤速为3~6 m/h。移动床的滤层厚度为1.8~2.4 m,滤速为10~12 m/h。

【问题与讨论】

1. 地下水除氟工艺基本方法有哪些?应用较多的是哪种?有何特点?

2. 简述活性氧化铝过滤法的基本原理和控制要点。

3. 简述除氟再生工艺的原理和主要控制要点。

4. 地下水氟离子的危害有哪些?自然水体中氟离子超标的地区常产生的地方疾病是什么?

任务三　硬水软化工艺

知识点:1.熟知离子交换基本原理和原则。

　　　　2.掌握硬水软化的方法。

　　　　3.熟悉顺流再生固定床运行操作过程。

技能点:1.能正确使用离子交换树脂。

　　　　2.能有效排除离子交换树脂故障。

　　　　3.能进行离子交换树脂再生。

数字资源 4-5
硬水软化工艺任务实施

数字资源 4-5
硬水软化工艺相关知识

【任务背景】

生活用水与生产用水均对硬度指标有一定的要求,特别是锅炉用水中若含有硬度盐类,会在锅炉受热面上生成水垢,从而降低锅炉热效率,增大燃料消耗,甚至因金属壁面局部过热而烧损部件、引起爆炸。因此,对于低压锅炉,一般要进行水的软化处理;对于中、高压锅炉,则要求进行水的软化与脱盐处理。

硬水的饮用还会对人体健康与日常生活造成一定的影响。没有经常饮硬水的人偶尔饮硬水,会造成肠胃功能紊乱,即所谓的"水土不服";用硬水烹调鱼肉、蔬菜,会因不易煮熟而破坏或降低食物的营养价值;用硬水泡茶会改变茶的色、香、味而降低其饮用价值;用硬水做豆腐不仅会使产量降低,而且影响豆腐的营养成分。可见,硬水常常给人们带来许多危害。在加热的情况下,硬水会沉淀出碳酸钙和碳酸镁。

【任务实施】

一、准备工作

所需检验项目	硬水软化工艺		
所需设备	软化装置		
	秒表,2 000 mm 钢卷尺		
所需试剂	食盐	测硬度所需用品	
所需玻璃器皿(规格及数量)	10 mL 烧杯 3 只		
	100 mL 烧杯 1 只		
所需其他备品	洗瓶		
团队分工	物品准备员: 记录员: 检验员: 监督员:		

二、测定要点

硬水软化工艺的实验步骤如下。

①熟悉实验装置,掌握每条管路、每个阀门的作用。离子交换树脂装置如图 4-5 所示。

②测原水硬度,测量交换柱内径及树脂层高度;用 100 mL 移液管移取 3 份水样,分别加 5 mL NH_3-NH_4Cl 缓冲溶液,2~3 滴铬黑 T 指示剂,用 EDTA 标准溶液滴定,溶液由酒红色变为纯蓝色即为终点。

③将交换柱内树脂反冲洗数分钟,反冲洗流速采用 15 m/h,以去除树脂层的气泡。

④软化:运行流速采用 15 m/h,每隔 10 min 测一次水硬度,测 2 次并进行比较。

⑤改变运行流速:流速分别取 20,25,30 m/h,每个流速下运行 5 min,测出水硬度。

⑥反冲洗:冲洗水用自来水,反冲洗流速为 15 m/h,反冲洗时间 10 min。反冲洗结束将水放到水面高于树脂表面 10 cm 左右。

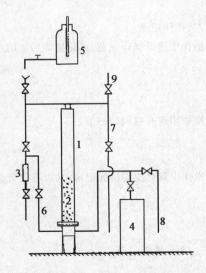

图 4-5　离子交换树脂装置
1.软化柱;2.阳离子交换树脂;3.转子流量计;
4.软化水箱;5.定量投再生液瓶;
6.反冲洗进水管;7.反冲洗排水管;
8.清洗排水管;9.排气管

⑦根据软化装置再生钠离子工作交换容量（mol/L），树脂体积（L），顺流再生钠离子交换 NaCl 耗量（100～120 g/mol）以及食盐 NaCl 含量（海盐中 NaCl 含量≥80％～93％），计算树脂再生一次所需食盐量。配制浓度 10％的食盐再生液。

⑧再生：再生流速采用 3～5 m/h。调节定量投再生液瓶出水阀门开启度大小以控制再生流速。再生液用毕时，将树脂在盐液中浸泡数分钟。

⑨清洗：清洗流速采用 15 m/h，每 5 min 测一次出水硬度，有条件时还可测氯根，直至出水水质合乎要求为止。清洗时间约需 50 min。

⑩清洗完毕结束实验，交换柱内树脂应浸泡在水中。

三、实施记录

实施记录单

任务			检验员		时间	
一、器材准备记录 数量记录： 异常记录： 不足记录： 						
二、操作记录 操作中违反操作规范、可能造成污染的步骤： 操作步骤有错误的环节： 操作中器材使用情况记录（是否有浪费、破损、不足）： 						

三、原始数据记录

原水硬度及实验装置有关数据

原水硬度（以 CaCO₃ 计）/（mg/L）	交换柱内径/cm	树脂层高度/cm	树脂名称及型号

交换实验记录表

运行流速/(m/h)	运行流量/(L/h)	运行时间/min	滴定体积(V)/mL	出水硬度(以 CaCO₃ 计)/(mg/L)
15	14.4	10	0.45	
15	14.4	10	0.41	
20	19.2	5	0.35	
25	24.1	5	0.21	
30	28.9	5	0.18	

反冲洗记录有关数据

反冲洗流速/(m/h)	反冲洗流量/(L/h)	反冲洗时间/min
15	14.4	10

再生记录表

再生一次所需食盐量/kg	再生一次所需浓度10%的食盐再生液/L	再生流速/(m/h)	再生流量/(mL/s)
1	10	15	14.43

清洗记录表

清洗流速/(m/h)	清洗流量/(L/h)	清洗历时/min	滴定体积(V)/mL	出水硬度(以 CaCO₃ 计)/(mg/L)
15	14.4	5	1.07	
		10	0.40	
		15	0.45	

绘制不同运行流速与出水硬度关系的变化曲线:

绘制不同清洗历时与出水硬度关系的变化曲线:

四、成果评价

考核评分表

序号	作业项目	考核内容	分值	操作要求	考核记录	扣分	得分
一	仪器调校（10分）	滴定管试漏	5	已完成			
		离子交换树脂柱完成	5	正确			
二	溶液配制（15分）	滴定管使用	5	正确规范（洗涤、试漏、定容）			
		移液管使用	5	正确规范（润洗、吸放、调刻度）			
		相应药剂配制完成	5	正确			
三	设备使用（30分）	离子交换柱装填	5	正确规范			
		测量离子交换柱尺寸	5	正确规范			
		软化	5	正确			
		改变流速运行	5	是			
		反冲洗	5	正确			
		再生	5	及时、准确			
四	数据处理和实训报告（40分）	结果统计	15	合格			
		准确度	15	正确、完整、规范、及时			
		数据分析	0	差			
			4	一般			
			8	较好			
			10	好			
五	文明操作结束工作（5分）	物品摆放整齐，仪器结束工作	5	仪器拔电源，盖防尘罩；玻璃仪器清洗，倒置控干；台面无杂物或水迹，废纸、废液不乱扔、乱倒，仪器结束工作完成良好			
六	总分						

【相关知识】

我国《生活饮用水卫生标准》(GB 5749—2006)中规定,水的总硬度不得超过 450 mg/L。一般饮用水的适宜硬度以 180～360 mg/L 为宜。地下水硬度超标会严重影响工业生产和人民群众的生活和健康。此外,地下水中铁、锰离子过多易使水处理系统中离子交换树脂中毒,影响出水水质和树脂的再生周期,甚至会使其失效。经本工艺软化处理后的水质可大大优于《生活饮用水卫生标准》中的要求,并可满足其他行业用水的专业要求。

一、硬水的危害

水的硬度(也称矿化度)是指溶解在水中的钙盐与镁盐含量的多少,含量多的水硬度大,反之则小。软水就是硬度小于 8 的水,如雨水、雪水、纯净水等;硬度大于 8 的水为硬水,如矿泉水、自来水以及自然界中的地表水和地下水等。

1. 硬水的分类

硬水又分为暂时硬水和永久硬水。暂时硬水的硬度是由碳酸氢钙与碳酸氢镁引起的,经煮沸后可被去掉,这种硬度又叫碳酸盐硬度。永久硬水的硬度是由硫酸钙和硫酸镁等盐类物质引起的,经煮沸后不能去除。以上两种硬度合称为总硬度。

2. 硬水的成因

当水滴在大气中凝聚时,会溶解空气中的二氧化碳形成碳酸。碳酸最终随雨水落到地面上,然后渗过土壤到达岩石层,溶解石灰(碳酸钙和碳酸镁)产生暂时硬水。一些地区的溶洞和溶洞附近的硬水就是这样形成的。

二、离子交换硬水软化典型工艺

离子交换硬水软化的典型工艺流程为:原水过滤→离子交换→洗脱→再生→正洗,其主要设备是离子交换柱(或称离子交换床)。

离子交换过程的运转方式分为固定床和连续床两种。其中,固定床又分为单床、多床、复床、混合床、多层床等;连续床也可分为移动床(单床、多床)和流动床(压力床、重力床)两类。以下简单介绍其中几种。

(1)单床　同种树脂装在一个柱中,只除一种离子(阴离子或阳离子)。

单床的特点:出水水质易于控制,设备小,操作简单,树脂磨损少。但下层树脂的利用率低(50%～75%);再生费用高,阻力大,生产效率低。故单床适合于小型生产。

(2)混合床　将阴、阳树脂按一定比例装入同一个柱中,原水流过时可同时除去水中的阴离子和阳离子。

混合床的特点:①出水量大、质量高,电阻率可达 $(5 \times 10^6) \Omega \cdot cm$;②当工作条件变化时,出水流量及质量变化小;③间断运行时,3 min 即可达正常出水(复床需 5～10 min);④交换终点明显,出水末期电阻率急剧下降。

(3)复床　阴、阳树脂分别装入不同的柱内,串联通水,从而达到除去阴、阳离子的目的。三级以上称为多级复床。

(4)移动式连续床　不断取出已饱和树脂,补充再生好的树脂。

移动式连续床的特点:①对原水水质、流量适应能力差;②再生剂单耗高(落床时有乱层现象,配水不均匀);③树脂磨损严重,有数据表明,移动式连续床阳树脂年损耗 15%(固定床仅 5%），阴树脂年损耗 30%左右；④设备加工需防腐，自动化控制要求高；⑤可靠性目前不如固定床。

三、离子交换硬水软化工艺原理

离子交换技术是以圆球形树脂（离子交换树脂）过滤原水，从而使水中的离子与固定在树脂上的离子进行交换。常见的两种离子交换方法分别是硬水软化和去离子法。硬水软化主要用在反渗透（RO）处理之前，是先将水质硬度降低的一种前处理程序。软化机里面的球状树脂，会以两个钠离子交换一个钙离子或镁离子的方式来软化水质。

离子交换树脂利用氢离子交换阳离子，而以氢氧根离子交换阴离子。以包含磺酸根的苯乙烯和二乙烯苯制成的阳离子交换树脂会以氢离子交换碰到的各种阳离子（如 Na^+、Ca^{2+}、Al^{3+}）。同样的，以包含季铵盐的苯乙烯制成的阴离子交换树脂会以氢氧根离子交换碰到的各种阴离子（如 Cl^-）。从阳离子交换树脂释出的氢离子与从阴离子交换树脂释出的氢氧根离子相结合后生成纯水。

阴阳离子交换树脂既可被分别包装在不同的离子交换床中，分成所谓的阴离子交换床和阳离子交换床；也可以将阳离子交换树脂与阴离子交换树脂混在一起，置于同一个离子交换床中。不论是哪一种形式，当树脂与水中带电荷的杂质交换完树脂上的氢离子及（或）氢氧根离子，就必须进行"再生"。再生的程序恰好与纯化的程序相反，利用氢离子及氢氧根离子进行再生，交换附着在离子交换树脂上的杂质。

四、离子交换硬水软化工艺运转方法

（一）离子交换树脂分类

阳离子交换树脂：骨架上结合有磺酸基（—SO_3H）（强酸性阳离子交换树脂）或羧基（—COOH）（弱酸性阳离子交换树脂）。

阴离子交换树脂：骨架上结合有季铵基（强碱性阴离子交换树脂）或伯胺基、仲胺基、叔胺基（弱碱性阴离子交换树脂）。

（二）离子交换树脂命名方法

离子交换树脂可根据其功能基的性质进行产品分类（表 4-5）。

表 4-5 产品分类代号

代号	0	1	2	3	4	5	6
功能基	强酸性	弱酸性	强碱性	弱碱性	螯合性	两性	氧化还原

离子交换树脂的骨架类别见表 4-6。

表 4-6 骨架类别

代号	0	1	2	3	4	5	6
骨架类型	苯乙烯系	丙烯酸系	酚醛系	环氧系	乙烯吡啶系	脲醛系	氯乙烯系

我国化工部规定，离子交换树脂的型号由 3 位阿拉伯数字组成。

第一位数字代表产品的分类代号。

第二位数字代表不同的骨架结构代号。

第三位数字为顺序号。

大孔型树脂在型号前加"D"。

凝胶型树脂的交联度值可在型号后用"×"号连接代表交联度的阿拉伯数字表示。

例如,弱酸阳离子交换树脂常用的苯乙烯型 $101×7$。

(三)离子交换树脂的性能

(1)粒度(珠状颗粒型)　0.315～1.2 mm。

(2)含水量(凝胶树脂)　30%～80%。

(3)密度　ρ_a(表观密度)＝干态质量/树脂体积,g/mL。

(4)交换容量　$Q_T = \dfrac{\text{单位体积的离子基团的量}}{\text{单位质量(体积)树脂}}$,mmol/g。

(5)离子交换选择性　指对不同离子的选择性。如苯乙烯强酸阳离子型对阳离子的选择性为:

$$Fe^{3+} > Al^{3+} > Ca^{2+} > Na^+$$

注意,价数高优先;同价位时,半径大优先。

(6)热稳定性　即最高使用温度。如苯乙烯强酸阳离子树脂适宜120℃,丙烯酸弱酸阳离子树脂适宜200℃。

(7)机械强度　指耐压强度、滚磨强度及渗磨强度。

(四)离子交换树脂使用

1. 离子交换树脂的预处理

在离子交换树脂的工业产品中,常含有少量的有机低聚物及一些无机杂质。在使用初期,这些低聚物和杂质会逐渐溶解释放,从而影响出水水质或产品质量。因此,新树脂在使用前必须进行预处理。

(1)动态预处理

①阳树脂预处理:将树脂装柱后,先用饱和食盐水浸泡,并用去离子水冲洗至出水清澈,无气味,无细碎树脂,检测 pH 为 7;用 2%～4%的 NaOH 溶液进行处理,再用 2%～4%的 HCl 溶液进行处理,并以该酸液浸泡;排去酸液,用去离子水冲洗至出水呈中性。

②阴树脂预处理:将树脂装柱后,先用饱和食盐水浸泡,并用去离子水冲洗至出水清澈,无气味,无细碎树脂,检测 pH 为 7;用 2%～4%的 HCl 溶液进行处理,再用 2%～4% NaOH 溶液进行处理,全部通入后,浸泡;排去碱液,用去离子水冲洗至出水呈中性。

(2)静态预处理

①阳树脂预处理:将树脂用水洗至清水后,用 2%～4% NaOH 溶液浸泡 4～8 h,再水洗至中性;再用 5%的 HCl 浸泡 4～8 h 后,用水洗至中性,待用。

②阴树脂预处理:将树脂用水洗至清水后,用 5%的 HCl 浸泡 4～8 h,再用水洗至中性;再用 2%～4% NaOH 溶液浸泡 4～8 h 后,用水洗至中性,待用。

2. 阳离子交换树脂的再生

阳离子交换树脂的再生采用顺流和逆流方式均可,最好采用逆流法。再生步骤如下:

(1)反冲洗　目的是松动树脂层,当出水澄清透明时止。

（2）配酸液（HCl）　再生液的用量为树脂体积的 5 倍，再生液浓度为 4%～6%，进酸时间为 1 h。

（3）正洗　目的是洗净再生物和残余酸液。打开进水和上进水阀门，打开下排水阀门，当排水的 pH＝6.5 左右时，正洗结束，再生完毕。

3. 阴离子交换树脂的再生

阴离子交换树脂的再生采用顺流和逆流方式均可，最好采用逆流法。再生步骤如下。

（1）反冲洗　先打开进水和下进水阀门，再打开排气阀门，水自下而上通过树脂层。（用阳床的水）目的是松动树脂，当出水澄清透明为止。

（2）配碱液（NaOH）　再生液的用量为树脂体积的 5 倍，再生液的浓度为 4%～6%。进碱时间为 1.5 h。

（3）正洗　水自上而下通过树脂层，目的是洗净再生产物和残余碱液。打开进水和上进水阀门，打开下排水阀门，当排水 pH＝7.5 左右时正洗结束，再生完毕。

五、维护管理

（一）影响因素

1. 水和有机溶剂对树脂的影响

离子交换树脂不溶于水和其他任何有机溶剂，但水和有机溶剂会对树脂有一定的溶胀，且有机溶剂不同，溶胀度也有差别。

一种常见的情况是由于树脂保存时间过长或保存不当而致使树脂失水。在失水较为严重时，如果直接将树脂浸入水中，可能会由于水对树脂的急剧膨胀而造成树脂的破裂，从而影响树脂的强度。

如果需要经常对树脂进行水溶液和有机溶剂的交替处理，则树脂可能会经常经历体积收缩和膨胀，从而造成树脂的破碎，因此也应特别当心交替的速度。

2. 温度对树脂的影响

随着环境和使用温度的提高，离子交换树脂的功能基团可能会脱落，从而降低树脂的交换容量。在有酸或碱存在时，树脂功能基团的脱落速度有可能加速。由于离子交换树脂种类和基质的不同，其耐热稳定性也不同。但总的来说，树脂的交联度越高，含水量越低，其耐热稳定性越差。

3. 氧化剂对树脂的影响

当离子交换树脂遇到强的氧化剂时会被氧化，造成树脂的强度和交换容量下降，从而对树脂的使用寿命产生影响。强氧化剂的种类很多，但在树脂使用过程中经常遇到的主要为游离氯和水中溶解氧。从以往的经验看，水中溶解氧对树脂氧化并不显著，影响较小；而游离氯对树脂的氧化破坏能力很强，影响较大。

（二）日常维护管理

1. 树脂的选择思路

在实际的生产操作中首先要进行树脂的选择，但具体要选何种树脂，就要根据被分离物质所带电荷及其电性强弱、分子大小与数量来决定，同时还要针对环境中存在的离子和性质来进行综合考虑。一般工作时要选弱型树脂。

2. 阴、阳树脂的排序

复床要阳柱在前,阴柱在后。这样排序的原因是:①阴树脂易受污染;②可在阳柱后设脱气塔,以减少阴树脂的负担;③阳柱出水为酸性,有利于阴柱的交换;④阴柱在前易形成难溶性盐的沉淀物。

3. 降低气体分压

一级化学除盐系统由阳离子交换器、除碳器和阴离子交换器所组成。水通过阳离子交换器,水中的 HCO_3^- 与从树脂上交换下来的 H^+ 结合,形成的 H_2CO_3 极不稳定,随即分解生成水和 CO_2。降低液面 CO_2 气体分压的常用方法有鼓风和抽真空两种。

(三)异常现象、原因及对策

硬水软化工艺中常见的异常现象、原因及对策见表 4-7。

表 4-7　硬水软化工艺中常见的异常现象、原因及对策

异常现象		原因及对策
阳离子交换树脂	混凝剂过量引起的污染	出水中含有 1 mg/L 以上的混凝剂时就会导致阳离子交换树脂的严重污染,而且发现具有线性结构的混凝剂更容易污染树脂,并能够进入树脂颗粒内部。可以采用如加大反冲洗流速、延长反冲洗时间或通入压缩空气等手段予以复苏
	铁离子的污染	可以采用反冲洗的方法将树脂层中累积的胶态悬浮体除去。如果在整个树脂层中发生了铁离子的累积,那么可以采用含有亚硫酸钠或亚硫酸氢钠的离子表面活性剂和分散剂来处理树脂,这样就可以将三价铁离子还原成更易溶解的二价铁离子,而后者对树脂的亲和力要小于前者
	氧化剂氧化	游离氯主要氧化降解阳树脂的骨架,从而使其水分升高,强度下降,以致树脂不但质量下降,使用寿命缩短,而且有时还会影响出水或所处理物料的质量。因此,应尽可能使用质量较好的盐酸,避免由盐酸带入游离氯;此外,可使用活性炭处理含有游离氯的水或物料后,再使其接触树脂
阴离子交换树脂	水中的有机物质一般以腐植酸盐及富味酸盐形式存在,进入阴床后由阴树脂去除。再生时,不能将有机物从树脂中全部洗脱出来,经过反复运行/再生,有机物在树脂中就急剧增加	(1)通过絮凝或采用专用有机物清扫树脂以改善水的预处理质量,保护后级树脂; (2)增加 NaOH 剂量以提高树脂的再生度,或针对 I 型强碱阴树脂加热再生用碱,以加大树脂中有机物的清洗效率; (3)对树脂进行复苏处理

六、典型设备

(一)软化水设备

顾名思义,软化水设备即降低水硬度的设备,所起作用主要有去除水中的钙、镁离子,活化水质,杀菌灭藻,防垢除垢等。软化水设备在软化水的过程中,不能降低水中的总含盐量。在热水锅炉系统、热交换系统、工业冷却系统、中央空调系统以及其他用水设备系统中,软化水设备都有广泛的应用。

(二)工艺原理

由于水的硬度主要由钙、镁形成及表示,故一般采用阳离子交换树脂(软水器)来将水中的 Ca^{2+}、Mg^{2+}(形成水垢的主要成分)置换出来。随着树脂内 Ca^{2+}、Mg^{2+} 的增加,树脂去除 Ca^{2+}、Mg^{2+} 的效能逐渐降低。因此,当树脂吸收一定量的钙、镁离子之后,就必须进行再生。再生过程就是用盐箱中的食盐水冲洗树脂层,把树脂上的硬度离子再置换出来,并随再生废液排出罐外的过程。再生后树脂就又恢复了软化交换功能。

(三)工艺流程

硬水软化主要有工作(有时又称产水)、反冲洗、吸盐(再生)、慢冲洗(置换)、快冲洗 5 个过程。不同软化水设备的所有工序非常接近,只是由于实际工艺的不同或控制的需要,可能会有一些附加的流程。任何以钠离子交换为基础的软化水设备都是在这 5 个流程的基础上发展而来的(其中,全自动软化水设备会增加盐水重注过程)。

1. 工作

钠离子交换软化处理的原理是将原水通过钠型阳离子交换树脂,使水中的硬度成分 Ca^{2+}、Mg^{2+} 与树脂中的 Na^+ 相交换,从而吸附水中的 Ca^{2+}、Mg^{2+},使水得以软化。

2. 反冲洗

工作一段时间后的设备,会在树脂上部拦截很多由原水带来的污物,把这些污物除去后,离子交换树脂才能完全暴露出来,再生的效果才能得到保证。反冲洗过程就是水从树脂的底部流入,再从顶部流出,这样可以把顶部拦截下来的污物冲走。这个过程一般需要 5~15 min。

3. 吸盐(再生)

即将盐水注入树脂罐体的过程,传统设备是采用盐泵将盐水注入,全自动的设备是采用专用的内置喷射器将盐水吸入(只要进水有一定的压力即可)。在实际工作过程中,盐水以较慢的速度流过树脂的再生效果比单纯用盐水浸泡树脂的效果好,所以软化水设备都是采用盐水慢速流过树脂的方法再生。这个过程一般需要 30 min 左右,实际时间受用盐量的影响。

4. 慢冲洗(置换)

在用盐水流过树脂以后,用原水以同样的流速慢慢将树脂中的盐全部冲洗干净的过程叫慢冲洗。由于这个冲洗过程中仍有大量功能基团上的钙、镁离子被钠离子交换,根据实际经验,这个过程也是再生的主要过程,所以很多人将这个过程称为置换。慢冲洗过程一般与吸盐的时间相同,即 30 min 左右。

5. 快冲洗

为了将残留的盐彻底冲洗干净,要采用与实际工作接近的流速,用原水对树脂进行冲洗,即快冲洗过程。这个过程的最后出水应为达标的软水。一般情况下,快冲洗过程为 5~15 min。

(四)注意事项

①再生时,进完酸或碱后一定要把酸碱经过的管道冲洗干净,以防存酸存碱,影响电导率。同时,也要把再生泵冲洗干净,以备下次使用。

②应注意悬浮物污堵的处理及预防。为防止悬浮物的污堵,主要是加强对原水的预处理,以降低水中悬浮物的含量。

③应注意铁中毒的处理及预防,减少阳离子进水的含铁量。对含铁量高的地下水应先经过曝气处理及锰砂过滤除铁。对含铁量高的地表水或使用铁盐作为凝聚剂时,应添加碱性药剂(如 NaOH),提高水的 pH,防止铁离子被带入阳床。

④对输送高含铁量原水的管道及贮槽应考虑采取必要的防腐措施,以减少原水的铁含量。

⑤应注意油的污染及处理,防止渗入地下的矿物油随原水带入交换器。燃油锅炉使用蒸汽雾化燃油,当油压高于蒸汽压力时,防止重油(或原油)漏入蒸汽,经过凝汽器进入凝结水除盐系统。

【问题与讨论】

1. 在一级复床除盐系统中,如何从水质变化情况来判断强碱阴床和强酸阳床即将失效?
2. 强酸阳树脂和弱酸阳树脂的交换特性有什么不同?在实践应用中应如何选择?
3. 强碱阴树脂和弱碱阴树脂的交换特性有什么不同?它们各适用于什么样的水质条件?
4. 混合床除盐和复床除盐有什么区别?为什么混合床都设在除盐系统的最后?
5. 影响离子交换的因素有哪些?
6. 影响离子交换再生的因素有哪些?
7. 阳离子交换树脂和阴离子交换树脂有何区别?

任务四 纯净水工艺

知识点:1. 熟知反渗透基本原理和原则。
　　　　2. 掌握反渗透法制备超纯水的工艺流程。
　　　　3. 掌握反渗透膜基本性质。

技能点:1. 能进行反渗透膜分离的操作。
　　　　2. 能测定反渗透膜分离的主要工艺参数。
　　　　3. 能进行工艺设备故障分析和解决障碍。

数字资源 4-7
纯净水工艺任务实施

数字资源 4-8
纯净水工艺相关知识

【任务背景】

2012 年 7 月 1 日起,新的《生活饮用水卫生标准》开始在全国强制实施,饮用水监测指标从 35 项提高到 106 项。新标准加强了对水质有机物、微生物和水质消毒等方面的要求;统一了城镇和农村饮用水卫生标准;特别是对饮用水中氯酸盐、大肠杆菌、重金属和放射性物质等含量做了更加严格的规定,基本实现了饮用水标准与国际接轨。中国产业调研网发布的"2016 年中国饮用水市场调查研究与发展趋势预测报告"认为,当前,我国饮用水产业经过多年的发展已逐渐走向成熟,在"便捷时代""健康时代"之后进入"生态时代"。饮用水行业在水家电、水装修、水处理等领域进行延展,技术和产品创新优势开始显现。

【任务实施】

一、准备工作

所需检验项目	膜分离	
所需设备	自来水预过滤器:10 in 活性炭预过滤和 5 in 活性炭精过滤	
	反渗透膜组件:2521 型低压反渗透膜,纯水通量 40~45 L/h,脱盐率≥98%	
	膜壳:2521 型不锈钢膜壳	
	电导仪:型号 RM-220,在线检测纯水电阻仪	
	流量计:规格 10~100L/h 和 1~7 L/min,面板式有机玻璃转子流量计	
所需试剂		
所需玻璃器皿(规格)		
所需其他备品		
所需其他备品		
团队分工	物品准备员: 记录员: 检验员: 监督员:	

二、测定要点

反渗透制纯水实验装置流程如图 4-6 所示。本实验需要测定不同进料流速对膜分离效率的影响。首先在同一操作压力下,改变总进料速度,记录不同的浓缩液流速、透过液流速及出口纯水电阻值;然后在同一浓缩液流速下,改变操作压力,记录不同的操作压力、透过液流速及出口纯水电阻值。

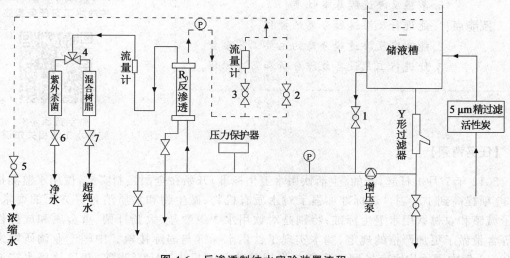

图 4-6 反渗透制纯水实验装置流程

1.泵回路阀;2.浓水旁路阀;3.流量计;4.切换阀;5.浓水出口阀;

6.净水出口阀;7.超纯水出口阀

（一）操作步骤

①关闭系统排空阀，打开净水出口阀 6、超纯水出口阀 7。

②接通自来水与预过滤系统，过滤水进入储液槽。

③接通电源，打开总电源开关。

④打开泵回路阀 1、浓水旁路阀 2，将浓水流量阀 3 调至最大。

⑤储液槽中有一定水位高度后开启输液泵，取储液槽中水样，测定其电导率。

⑥水正常循环后（注意排气），逐步关闭泵回路阀 1 和浓水旁路阀 2，浓水流量阀 3，使系统压力（膜进口压力）控制在 0～1.0 MPa 内某一值。

⑦若制备超纯水，切换阀 4 到混合树脂床，纯水可单独收集，打开浓水出口阀 5，浓水直接排放，调节一定的自来水进水流速，保持储液槽内水位基本不变。

⑧稳定 20～30 min 后出口水质基本稳定，记录出口纯水电阻值，同时记录浓缩液、透过液流量，计算回收率（混合树脂床中若有空气会影响超纯水质，缓慢打开树脂柱上方排气口进行排气，重新装填树脂或运输后可能夹带空气）。

⑨适当打开泵回路阀 1，改变总进料速度，重复第 6～8 操作步骤，比较 3 个不同流量下超纯水的水质变化。

⑩调节浓水流量阀 3 和泵回路阀 1，测量相同压力不同浓缩液流量下出口纯水电阻值，同时记录操作压力、透过液流量。

⑪停车时，先打开浓水流量阀 3、浓水旁路阀 2 及泵回路阀 1，使系统压力小于 0.2 MPa，再关闭输液泵及总电源，随后关闭自来水进水。

（二）注意及维护事项

①活性炭预过滤滤芯、聚丙烯预过滤滤芯首次使用时，应先接通自来水，冲洗 5～8 min 后方可接入水槽，以避免污染系统。

②膜组件首次使用时，应用低压清水（≤0.2 MPa）清洗 20～30 min，去除其中的防腐液，同时切换阀 4 到紫外杀菌，避免清洗液污染混合树脂。

③储槽储水量不要过少并保持内壁清洁，较长时间（10 d 以上）停用时，在反渗透组件中充入 1%甲醛水溶液作为保护液（保护液主要用于膜组件内浓缩液侧），防止系统生菌，保持膜组件润湿，寒冷季节应注意系统防冻。

④为确保水质，应定期更换预过滤系统的各种滤芯；反渗透膜、树脂、紫外灯管亦为耗材，应根据实际用水情况而更换（一般情况下反渗透膜每天使用 6 h，可连续使用 150 d；3 kg 树脂可满足 3 t 处理量，可满足出水水质≥10 M·Ω）。

⑤本装置设置压力控制器，当系统压力大于 1.6 MPa 时，会自动切断输液泵电流并停机。

⑥管道如有泄漏，请立即切断电源和进料阀，待更换管件或用专用胶水黏结后（胶水黏结后需固化 4 h）方可使用。

⑦增压泵启动时，请注意泵前管道充满液体，以防损坏，如发生上述现象，请立即切断电源，短时间内空转，不一定会损坏泵。

三、实施记录

实施记录单

任务		检验员		时间	

一、器材准备记录

数量记录：

异常记录：

不足记录：

二、操作记录

操作中违反操作规范、可能造成污染的步骤：

操作步骤有错误的环节：

操作中器材使用情况记录（是否有浪费、破损、不足）：

三、原始数据记录

(1)进口压力不变

室温：＿＿＿＿＿＿＿＿；自来水电导率：＿＿＿＿＿＿＿＿；操作压力＿＿＿＿＿＿＿＿

实验序号	浓缩液流量 /(L/h)	透过液流量 /(L/h)	纯水电导 /(ms/cm)	纯水回收率 /%
1				
2				
3				

(2)浓缩液流量不变

室温：＿＿＿＿＿＿＿＿；自来水电导率：＿＿＿＿＿＿＿＿；浓缩液流量＿＿＿＿＿＿＿＿

实验序号	操作压力 /(MPa)	透过液流量 /(L/h)	纯水电导 /(ms/cm)	纯水回收率 /%
1				
2				
3				

四、成果评价

考核评分表

序号	作业项目	考核内容	分值	操作要求	考核记录	扣分	得分
一	仪器调校（10分）	机器预热	5	已预热			
		各段设备	5	正常状态			
二	溶液配制（15分）	滴定管使用	5	正确规范（洗涤、试漏、定容）			
		移液管使用	5	正确规范（润洗、吸放、调刻度）			
		读数	5	正确			
三	设备使用（30分）	各项阀门开关规范性	5	正确规范			
		系统压力控制规范性	5	正确规范			
		预处理	5	正确			
		膜组件清洗	5	是			
		增压泵使用	5	正确			
		不同流量纯水电阻值测定	5	及时、准确			
四	数据处理和实训报告（40分）	数据读取准确度	15	合格			
		数据统计分析	15	正确、完整、规范、及时			
		工作操作过程报告	0	差			
			4	一般			
			8	较好			
			10	好			
五	文明操作结束工作（5分）	物品摆放整齐，仪器结束工作	5	仪器拔电源，盖防尘罩；玻璃器皿清洗，倒置控干；台面无杂物或水迹，废纸、废液不乱扔、乱倒，仪器结束工作完成良好			
六	总分						

【相关知识】

一、膜技术主要工艺

膜是具有选择性分离功能的材料。凡是在溶液中使一种或几种成分不能透过,而其他成分能透过的膜,都称为半透膜。

膜分离法是用一种特殊的半透膜将溶液隔开,从而使一侧溶液中的某种溶质透过膜或者溶剂(水)渗透出来,以便达到分离溶质的目的。膜技术包括电渗析、扩散渗析、反渗透以及超滤。它与传统过滤的不同在于膜可以在分子范围内进行分离,并且此过程是一种物理过程,不需要发生相的变化和添加助剂。

膜的孔径一般为微米级,依据其孔径(或称截留分子量)的不同,可将膜分为微滤膜、超滤膜、纳滤膜和反渗透膜;根据材料的不同,膜又可分为无机膜和有机膜。无机膜主要还只有微滤级别的膜,主要是陶瓷膜和金属膜。有机膜是由高分子材料做成的,如醋酸纤维素、芳香族聚酰胺、聚醚砜、聚氟聚合物等。按膜的结构型式又可将之分为平板型、管型、螺旋型及中空纤维型等。

常见的主要膜分离过程见表 4-8。

表 4-8　主要膜分离过程

膜的种类	膜的功能	分离驱动力	透过物质	被截留物质
微滤	多孔膜、溶液的微滤、脱微粒子	压力差	水、溶剂、溶解物	悬浮物、细菌类、微粒子
超滤	脱除溶液中的胶体、各类大分子	压力差	溶剂、离子和小分子	蛋白质、各类酶、细菌、病毒、乳胶、微粒子
反渗透和纳滤	脱除溶液中的盐类及低分子物	压力差	水、溶剂	无机盐、糖类、氨基酸、BOD、COD 等
透析	脱除溶液中的盐类及低分子物	浓度差	离子、低分子物、酸、碱	无机盐、尿素、尿酸、糖类、氨基酸
电渗析	脱除溶液中的离子	电位差	离子	无机盐、有机离子
渗透气化	溶液中的低分子及溶剂间的分离	压力差、浓度差	蒸汽	液体、无机盐、乙醇溶液
气体分离	气体、气体与蒸汽分离	浓度差	易透过气体	不易透过气体

二、工艺原理

分离膜具有选择透过特性。分离膜之所以能使混在一起的物质分开,不外乎两种手段。

一种是根据混合物物理性质的不同,主要是质量、体积大小和几何形态的差异,用过筛的办法将其分离。微滤膜分离过程就是根据这一原理将水溶液中孔径大于 50 nm 的固体杂质去掉的。

另一种是根据混合物化学性质的不同。物质通过分离膜的速度取决于以下两个步骤的速度,首先是从膜表面接触的混合物中进入膜内的速度(称溶解速度),其次是进入膜内后从膜的表面扩散到膜的另一表面的速度。二者之和为总速度。总速度越大,透过膜所需的时间越短;总速度越小,透过时间越久。例如,反渗透一般用于水溶液除盐。这是因为反渗透膜是亲水性的高聚物,水分子很容易进入膜内,而水中的无机盐离子则较难进入,所以经过反渗透膜的水就被除盐淡化了。反渗透原理如图 4-7 所示。

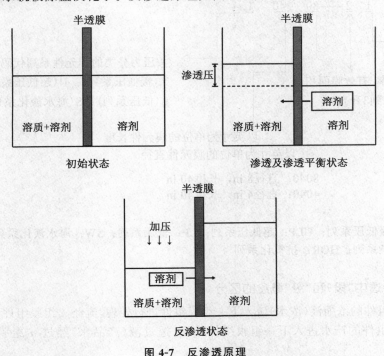

图 4-7 反渗透原理

　　常见的膜透过操作有错流过滤和全量过滤两种。在微滤、超滤、纳滤、反渗透中都以错流过滤为主,而多介质过滤则以全量过滤为主。错流过滤的优点主要有:①便于连续化操作过程中控制循环比;②流体流动平行于过滤表面,产生的表面剪切力带走膜表面的沉积物,防止污染层积累,使过滤操作可以在较长时间内连续进行;③错流过滤所产生的流体剪切力和惯性力能促进膜表面的溶质向流体主体的反向运动,提高了过滤速度。膜透过操作方式如图 4-8 所示。

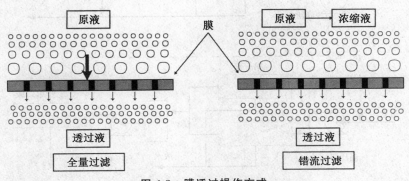

图 4-8 膜透过操作方式

三、运转方法

(一)反渗透膜命名规则

反渗透膜命名规则如下：

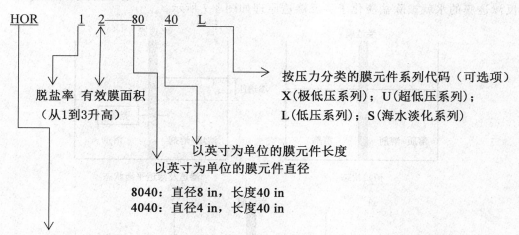

XLP:极低压系列；ULP：超低压系列；LP：低压系列；SW：海水淡化系列；
FR：低污染系列；HOR：抗氧化系列

(二)反渗透中"段"和"级"概念的区分

段:指膜组件的浓缩液(浓水)流入下一组膜组件进行处理,流经 n 组膜组件,即称为 n 段;

级:指膜组件的产水进入下一组膜组件处理,透过液(产品水)经过 n 组膜组件处理,称为 n 级。

可以将"段"和"级"分别理解为对"浓水分级"(分段)和对"产水分级"(分级)。

反渗透中"段"和"级"示意图如图 4-9 所示。

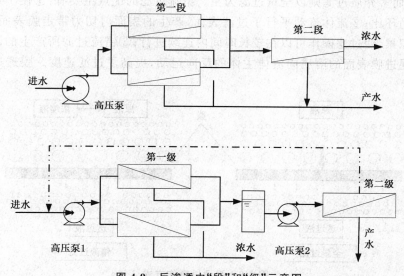

图 4-9 反渗透中"段"和"级"示意图

(三)不同膜元件比较及串联元件数量与系统回收率、段数的关系

8040 和 4040 膜元件的最大进水流量和最小浓水流量比较见表 4-9。

表 4-9 8040 和 4040 膜元件的比较

流 量	8040 膜元件	4040 膜元件
最大进水流量/(m^3/h)	11.8~16.5	3.6
最小浓水流量/(m^3/h)	3.6~4.1	0.95~1.36

串联元件数量与系统回收率和段数的关系见表 4-10。

表 4-10 系统回收率和串联元件数

系统回收率/%	串联元件数量	含 6 元件压力容器的段数
40~60	6	1
70~80	12	2
85~90	18	3

(四)预处理工艺(表 4-11)

表 4-11 预处理工艺

分段预处理工艺	实验目的	典型过滤设备
过滤工艺	去除总悬浮物(TSS),降低 RO 设备进水 SDI 值	双/多介质过滤器:去除总悬浮物(TSS)的能力达到 20 μm,每星期反冲洗一次或压差达 10 psi(68.95 kPa)时进行反冲洗
	去除细菌、染料、大分子有机物、蛋白质、悬浮物、胶体物质	微滤/超滤膜:用以代替多介质过滤器,提高 RO 系统的进水水质
	保安过滤滤芯主要过滤无机颗粒,防止其一部分透过滤芯进入反渗透系统中	5 μm 保安过滤器:过滤能力为每支透过量 80 m^3/h,压差达 1.2×10^5 Pa 时更换过滤芯
去氯工艺基础	去除水中的余氯,以避免余氯对反渗透膜造成不可恢复的损害	氯和活性炭(C^*)的反应: $C^* + HOCl \longrightarrow CO + H^+ + Cl^-$ $C^* + 2Cl_2 + 2H_2O \longrightarrow 4HCl + CO_2$ 氯和亚硫酸氢钠的反应: $Na_2S_2O_5 + H_2O \rightarrow 2Na^+ + 2HSO_3^-$ $Na^+ + HSO_3^- + 2H^+ + Cl^- + ClO^- \rightarrow Na^+ + SO_4^{2-} + 3H^+ + 2Cl^-$
防止结垢	结垢常常发生在最后一段,然后逐渐向前一段扩散,含钙、重碳酸根或硫酸根的原水可能会在数小时之内即因结垢堵塞膜系统	用 Na^+ 阳离子树脂交换床交换 Mg^{2+} 和 Ca^{2+}(再生:可采用时间型或流量型或 PLC 控制启动,一般采用顺流再生) 用阻垢剂加药法

(五)反渗透部分

系统日常运行时全部打开浓水及产水阀门,供水时以低压、低流量的给水排出残留在膜元件及压力膜壳中的空气。给水泵启动后慢慢打开给水阀门调节流量。当浓水管出口或流量计处不再有气泡冒出时将流量升高,冲洗 30 min 左右。在冲洗过程中要检查管道是否有泄漏。冲洗过程中的浓水及产水应全部排放。

系统设置了手动运行及自动运行 2 种状态。开机前应检查电器部分及各种仪表有无异常。一般情况下,建议用户采用自动控制。闭合空气开关,将运行按钮开到自动挡上,所有的电动阀及电器元件自动运行,原水泵启动水由运处理部分输送到高压泵,当高压泵前压力达到设定值时,高压泵自动运行,调节进水阀和浓水调节阀。在每次开机后,反渗透开始自动冲洗 60 s。反渗透各阀门调好以后,一般不动。

1. 日常运行检查

进入正常生产后,操作人员每小时要定期巡回检查设备现场,并如实记录巡检的结果,与运行记录一起给予总结,作为定期维修的资料。日常运行检查见表 4-12。

表 4-12 日常运行检查

检查项目	检查方法或检查点	备注
检查有否漏水	设备的各密封部位及附属阀门等各处是否漏水	如有漏水,找出漏水点位置及原因,及时止漏

一般反渗透组件产水量降低 10%、压降增加 10%、盐透过率增加 10% 就需清洗,也可以每 3 个月或半年清洗一次。一般无机物结垢的污染用酸清洗,有机物及微生物的污染用碱清洗。

2. 清洗液的配制及选择

为保证清洗效果,需配制相应的化学药品。

清洗液 1:柠檬酸 10 kg,产品水 500 L。

清洗液 2:三聚磷酸钠 5 kg,EDTA 四钠盐 1 kg,产品水 500 L,用硫酸调节 pH=10.0。

清洗液的选择及处理办法见表 4-13。

表 4-13 清洗液的选择及处理办法

污染物	一般特征	处理方法
钙、镁沉积物	脱盐率明显下降,系统压降增加,系统产水量稍降	选清洗液 1
氧化物	脱盐率明显下降,系统压降明显升高,系统产水量明显降低	选清洗液 1
各种胶体、有机物	脱盐率稍有降低,系统压降逐渐上升,系统产水量形成减少	选清洗液 2

在化学清洗前,应用大流量水低压冲洗膜表面 10 min,然后排除管路中的积水;在酸洗箱中,用产品水配制清洗液,混合均匀。将污染严重、颜色有变化的清洗液排放,将干净的清洗液再循环至清洗箱。清洗液在压力容器中循环 1 h,流量逐渐加大。清洗完成后,排净酸

洗箱并进行冲洗,出水排放,使化学试剂全部冲净后方可进行反渗透正常运行。

3. 设备停用保存

当设备短期停用时,可每天通水 10 min。若长期停用(20 d 以上),反渗透装置应采取保护措施,以防干燥、氧化及生菌。用 1 000 L 1‰的亚硫酸氢钠溶液循环 5～10 min 后关闭阀门,保存。如果在冬季应注意防冻,保存温度高于 5℃。

4. 膜的保存

(1)短期停用保存　适用于那些停止运行 5 d 以上 30 d 以下的反渗透系统。此时反渗透膜元件仍安装在 RO 系统的压力容器内。膜保护操作的具体步骤如下:

①用给水冲洗反渗透系统,同时注意将气体从系统中完全排除。

②将压力容器及相关管路充满水后,关闭相关阀门,防止气体进入系统。

③每隔 5 d 按上述方法冲洗一次。

(2)长期停用保护　适用于停止运行 30 d 以上,膜元件仍安装在压力容器中的反渗透系统。膜保护操作的具体步骤如下:

①清洗系统中的膜元件。

②用反渗透产水配制杀菌液保留于系统中,应确认系统完全充满。

③如系统温度低于 27℃,应每隔 30 d 用新的杀菌液进行①、②步的操作;如系统温度高于 27℃,则应每隔 15 d 更换一次保护液(杀菌液)。

(3)检查反渗透系统　在反渗透系统重新投入使用前,用低压水冲洗系统 1 h,在恢复系统至正常操作前,应检查并确认产品水中不含有任何杀菌剂。

(4)系统安装前的膜元件保存　膜元件出厂时,均真空封装在塑料袋中,封装袋中含有保护液。膜元件在安装使用前的储运及运往现场时,应保存在干燥通风的环境中,保存温度以 20～35℃为宜。应防止膜元件受到阳光直射及避免接触氧化性气体。

四、维护管理

(一)膜的影响因素

膜的水通量和脱盐率是反渗透过程中关键的运行系数。这两个参数将受到压力、温度、回收率、给水含盐量、给水 pH 等因素的影响。

1. 压力

给水压力升高可使膜的水通量增加,而压力升高并不影响盐透过量,因此,在盐透过量不变的情况下,水通量增大时产品水含盐量下降,从而提高脱盐率。

2. 温度

在提高给水温度而其他运行参数不变时,温度每增加 1℃,产品水通量和盐透过量均增加。温度升高后水的黏度降低,一般产水量可增大 2‰～3‰;但同时温度引起膜的盐透过系数 K 也变大,因而与产水量相比,盐透过量有更大的增加。

3. 回收率

增大产品水回收率,产品水通量下降。这是因为浓水盐浓度增大,盐浓度高,则渗透压增大。在给水压力不变的情况下,产品水通量下降对产水量的影响更大,故产品水含盐量必然会升高。

4. 给水含盐量

给水含盐量增加影响透过量和产品水通量,使产品水通量和脱盐量均下降。

5. 给水 pH

脱盐率和水通量在一定的 pH 范围内较为恒定,其最大脱盐率为 pH＝8.5,聚酰胺类膜聚合物分子链中存在着酰胺基在水中形成的羧基、胺基等带电部分,因此改变给水的 pH 和离子结构、浓度时,膜的带电状态都将发生变化,以致膜的分离特性也会发生一些变动。

(二)膜元件清洗日常维护

1. 膜元件清洗操作的判定

下列情况满足其一,且其他因素排除时,应该启动清洗:

①压力增加 15％。

②压差增加 15％。

③产水量下降 15％。

④脱盐率下降 2％。

2. 清洗操作的要领

①如果不是单一的无机盐结垢,则第一遍要碱洗。

②压差越大,开始越要低流量,压差不大时上手也不能满负荷。

③在线不使用浸泡方法,改为低流量循环。

④密切关注 pH 变化,及时补充药剂。

⑤密切关注回水情况,脏是好事,但太脏了就要换液体,保安滤芯也要考虑更换。

⑥密切关注温度,尤其碱洗温度必须保证,但是不能超温。

3. 清洗操作的注意事项

①切忌一到现场下手就干,"望闻问切"不能少。

②清洗是仔细活,切忌着急,先慢后快,先轻后重。

4. 离线清洗的注意事项

①取膜时要做好序列号记录,记录每一支对应的位置。

②分部位取样检测。

③单支试洗。

④反向清洗效果好。

⑤用除盐水(软化水)清洗效果好。

5. 注意事项

①错流过滤时进水速度必须能保证固体杂质的移动;低流速会引起膜表面淤塞,较高的水回收率意味着较低的水流速。

②反渗透膜在任何时候都不允许承受背压,因为背压的产生可能会使膜元件的膜袋黏合线破裂,造成膜元件的永久性损坏。

③反渗透装置设计时,应考虑系统在每次启动或停止时有条件对膜系统进行低压冲洗。

(三)异常现象、原因和对策

硬水软化膜处理工艺常见异常现象、原因和对策见表 4-14。

表 4-14　硬水软化膜处理工艺异常现象、原因和对策

	异常现象	原因	对策
泥沙颗粒及无机胶体污染	泥沙颗粒堆积在第一段的前几支膜元件的进水端，系统压力将偏大，系统脱盐率偏低；膜元件解剖后，膜表面和进水流道附着可见污染物	预处理失效或设计存在缺陷；多介质过滤器/活性炭床反冲洗和快洗不充分；进水的 SDI 值偏高；硬砂颗粒机械擦伤膜片	难以化学清洗恢复，可以尝试采用酸碱清洗；加强介质过滤器/活性炭床反冲洗；加强 SDI 值监控；加强保安过滤器的监控和更换
预处理活性炭破碎泄漏	黑色物质堆积在第一段前几支膜元件的进水端，系统压力将偏大，产水量偏少，系统脱盐率偏低；膜元件解剖后，膜表面和进水流道附着活性炭颗粒	不正确或不充分的活性炭床反冲洗和快洗长时间运行后，活性炭由于与氯或臭氧反应消耗而导致破碎机械强度下降，以致破碎；炭粒机械擦伤膜片	难以化学清洗恢复；可更换新活性炭；充分的炭床反冲洗；加强保安过滤器的监控和更换
无机结垢-碳酸钙垢（CaCO₃）	系统产水量低，脱盐率下降，压降增加；膜元件变重	RO 进水三高（高硬度；高pH；高碱度）；RO 系统高回收率	系统可用酸进行清洗恢复；应降低进水的三高（高硬度；高pH；高碱度）和 RO 系统回收率，调整阻垢剂的加入量
无机结垢-硫酸盐垢	系统产水量低，脱盐率下降，压降增加；膜元件变重	RO 进水钙、钡、锶、硫酸根含量高；RO 系统高回收率导致超过溶解限制；阻垢剂失效	系统很难进行清洗恢复；应降低 RO 系统回收率，调整阻垢剂的加入量或更换阻垢剂
微生物污染	系统产水量低，脱盐率下降，压降增加；压力容器开启或膜元件解剖后有嗅味	进水中富含营养物质，例如 TOC 和 COD 偏高；进水或阻垢剂中含有微生物	安装或优化预处理以应对原水的微生物污染，消除微生物的来源；使用抗污染膜元件（FR 系列）；采用非氧化性杀菌剂，如 DBNPA，进行定期冲击式杀菌
铁污染	系统脱盐率低，产水量降低；压力容器开启后，膜元件端面呈红褐色；膜元件解剖后，膜表面呈红褐色	RO 进水中含有过量的铁；预处理系统中的管道或压力容器腐蚀	膜系统可以采用酸性 NaHSO₃（pH＜5）或 H₃PO₄ 以及柠檬酸清洗恢复；有时候铁会加速膜的氧化，导致膜元件不可恢复性的损伤
产水背压	系统脱盐率大幅下降，有时候伴随产水量增加；膜元件解剖后，膜表面出现气泡和分层	系统设计缺陷，例如产水管道上的止回阀安装位置不合理；不正确的操作，例如清洗完毕后忘记开启产水阀门；不可预测的机械故障	膜元件被不可恢复性地损伤，难以修复，只能更换膜元件
膜氧化	系统脱盐率大幅下降，同时伴随产水量增加；膜元件解剖后，Fujiwara 实验中实验溶液变成粉红色，原子光谱化学分析法（ESCA）发现氯元素	RO 系统前的脱氯措施出现问题，例如活性炭失效或 NaHSO₃ 量不足；膜元件接触到强氧化剂；超滤系统清洗残留氧化剂（共有清洗水箱、保安滤器、管路死水区）	膜元件被不可恢复性地损伤，难以修复，只能更换膜元件；超滤作为预处理的系统增加 ORP/余氯监控和还原剂投加非常有必要

五、典型工艺主要设备

(一)工艺组成

1.原水箱

作用:克服管网供水的不稳定性,保证整个系统的供水稳定连续;同时也给各设备长期性能可靠提供了保障。

选型:PE材质。

控制:水箱配置高水位浮球阀和低水位液位开关,故原水箱具备了可靠性高、价格低廉、结构简单、安装方便等优点。当水位处于高位时,高水位浮球阀关闭,停止进水。当水位处于低水位时,高水位浮球阀打开,开始向水箱注水;同时,低水位液位开关断开,增压泵停止工作。

2.增压泵

作用:给预处理各设备提供必需的工作压力。

选型:根据预处理各设备的设计压力降(每台过滤设备最大压降0.05 MPa),以及高压泵前压力不能小于0.5 kg/cm^2,确定增压泵的工作压力。

控制:泵后用调节阀调节压力及进水量。

3.机械过滤器

作用:原水首先经过机械过滤器,在过滤器中放置1~16目的精致石英砂,使原水中的絮凝体、铁锈等悬浮杂质在此过程中被截留。由于机械过滤器在工作中截留了大量的悬浮杂质,为保证过滤器的正常工作,必须对过滤器定期进行冲洗、反冲洗。

选型:选用碳钢材质容器。

控制:机械过滤器的反冲洗操作采用手工控制器,过滤器应每天进行一次清洗,清洗时间为10~20 min。

4.活性炭过滤器

作用:本工艺采用活性炭过滤器作为反渗透装置的预处理,这是非常重要的。反渗透系统要求进水指标SDI≤5,余氯<0.1 mg/L。为满足其进水要求,需进一步纯化原水,使之达到反渗透的进水指标。在反渗透装置前设置活性炭过滤器主要有两个功能:一是吸附水中部分有机物,吸附率为60%左右;二是吸附水中余氯,吸附粒度在10~20埃的无机胶体、有机胶体和溶解性有机高分子杂质以及在砂滤器中难以去除的余氯。活性炭之所以能用来吸附粒度在几十埃左右的活性物,是由于其结构存在大量平均孔径在20~50埃的微孔和粒缝隙。活性炭的这个结构特点,使它的表面吸附面积能够达到500~2 000 m^2/g。由于一般有机物的分子直径略小于20Å,因此活性炭对有机物具有很强的吸附作用。此外,活性炭具有很强的脱氯能力。由于余氯具有很强的氧化性,余氯和碳起反应,生成二氧化碳和-1价氯离子,这一过程只是损失了少量的碳,所以活性炭脱氯可以使用相当长的时间。活性炭不仅仅具有以上功能,还能够去除水中的异味、色素,提高水的澄明度。活性炭使用一段时间后,其吸附能力下降,需要进行再生或更换。所以,原水通过活性炭过滤器后,能大大提高水质,减少对反渗透膜的污染,经过处理后的水质都能达到反渗透装置进水水质要求(余氯<0.1 mg/L)。

选型:选用碳钢材质容器。

控制:活性炭过滤器的控制采用手工控制器。由于活性炭过滤器在工作中吸附了大量的悬浮杂质,为保证系统正常工作,每天必须对其进行冲洗、反冲洗,冲洗过程的清洗时间为 10～15 min。

5. 精密过滤器

作用:精密过滤器又称为保安过滤器,它是原水进入反渗透膜装置前的一道处理工艺。PP 过滤芯具有过滤流量大、纳污量大、压力损耗小的特点,可阻截不同粒径的杂质颗粒,集表面过滤与深层过滤于一体。精密过滤器使用一定时期后也有堵塞现象,因此,一定时期后 PP 熔喷滤芯必须更换。更换依据是精密过滤器前后的压力差在 0.05～0.1 MPa 时。

选型:选用不锈钢材质容器。

6. 高压泵

作用:高压泵是提供给反渗透系统所需产水流量及水质的工作压力,使过滤水经过泵体后达到 10 kg 左右的压力,以满足膜体的进水压力,保证纯水的出水量。

选型:根据反渗透膜所需的工作压力,采用立式多级离心高压泵。

控制:当原水压力表指针达到 2 kg 时,按下产水开关,高压泵启动,开始产水。高压泵前设有压力保护开关,当进水压力低于 1 kg 时,压力保护开关关闭,高压泵停止工作。

7. 反渗透装置

作用:反渗透装置是纯化水生产线的主要部分。本装置可选用 ESPA1 型反渗透膜元件。ESPA1 系列为高脱盐率苦咸水淡化膜,可在较低操作压力下获取高水通量,其平均脱盐率达 99.3%。ESPA1 膜的高水通量、高脱盐率的特性,为水泵、压力容器、管道、阀门等配套设备的选择提供了更为广泛的空间,使设备制造成本和系统设备投资费用大为降低,并且可大量的节省能源,降低系统的运行费用,提高水质。

选型:可选择美国海德能 ESPA1-8040。反渗透膜设计的产水温度为 25℃,水的利用率为 70%。

8. 水箱

作用:储备反渗透产品水,并为下一级系统工作提供稳定的供水。

控制:水箱内设有高、低液位开关,控制高压泵和增压泵。当平衡水箱处于低水位时,增压泵自动启动,开始产水;当水箱处于高水位时,高压泵停止工作。

9. 紫外线杀菌器

作用:减少细菌二次污染,灭菌率可达 99%。

10. 检测仪器仪表

为了使 RO 装置能够安全可靠地运行,并便于运行过程中的监控,应装置必要的仪表和控制设备。一般需要装设的表计有温度表、压力表、流量表、电导率表、pH 表、氯表、氧化还原电位表等,装设的地点及其作用分述如下。

(1)温度表 主要是给水温度表。因产水量与温度有关,所以需要监测,以便求出"标准化"后的产水量。大型设备应进行记录,另外,温度超过 45℃ 会损坏膜元件,所以对原水加热器系统应设超限报警、超温水自动排放和停运 RO 的保护。

(2)压力表 包括以下几种压力表。

①给水压力表、第一段 RO 出水压力表、排水压力表,用于计算每一段的压降(也可装设压差表),并用于对产水量和盐透过率进行"标准化"。盐透过率、产水量和 $\triangle P$ 用于 RO 性

能问题的分析。

②5 mm 过滤器进出口压力表(或装设压差表),监测当压降达到一定值时(200 kPa)更换滤芯。

③给水泵进出口压力表,用于监测给水泵进出口压力。进出口压力开关用于在进口压力低时报警、停泵,出口压力高(延时,以防慢开门未打开)报警、停泵。

(3)流量表　产品水流量表在运行中监测产水量,每段应单独装设,以便于"标准化"RO性能数据,应有指示、累计和记录;浓水排水流量表在运行中监测排水量,应有指示、累计和记录。

(4)电导率表　包括给水电导率表和产品水电导率表,用于指示、记录水的电导率,可设置报警。从给水电导率和产品水电导率可估算 RO 的脱盐率。

(5)pH 表　当给水需加酸防止生成 $CaCO_3$ 垢时,加酸后的给水需装 pH 表。在使用醋酸纤维素膜时,不仅为防止 $CaCO_3$ 垢生成,而且更重要的是维持最佳 pH。醋酸纤维素膜的pH 要求为 5.7,除指示、记录、设超限报警外,还可以自动控制不合格给水排放,并停运 RO,以及与流量表配合对加酸系统进行比例积分调节。

(6)氯表　使用醋酸纤维素膜元件的 RO 给水必须含有 $0.1\sim0.5$ mg/L 的残余氯,最大允许含氯量为 1 mg/L,因此给水必须装设氯表,以指示、记录和超限报警。药液箱要设液位开关,低液位报警,加酸可采用比例调节或比例积分调节,加阻垢剂等可采用比例调节,加药泵与给水泵之间进行连锁。

(7)氧化还原电位表　经加亚硫酸氢钠消除余氯的给水应装设氧化还原电位表,并有指示、记录、超限报警。

(二)装置运行异常及对策(表 4-15 和表 4-16)

表 4-15　装置运行异常及对策

异常原因			现象			检查部位	对策
			流量	脱盐率	压降		
1	温度	高	↑	↓	↓	季节变化;泵的效率	压力调整
		低	↓	→	↑	季节变化	压力调整;加热
2	压力	高	↑	↑	↓	泵;阀门	调节压力
		低	↓	↓	↑	泵;阀门;保安过滤器	调节压力
3	浓水流量	大	→	→	↑	RO 进水流量;压力控制阀	调节流量
		小	↓	↓	↓	RO 进水流量;压力控制阀	调节流量
4	膜老化		↑	↓	↓	进水 pH	控制 pH
5	含盐量	高	↓	↓	↓	RO 进水	控制压力
		低	↑	↑	↑	RO 进水	控制压力
6	不溶物(结垢)		↓	↓	↓	RO 进水水质;回收率;pH	控制压力 调整回收率

表 4-16 异常情况与对策

异常情况		现象			检查部位	对策
		流量	脱盐率	压降		
1	膜功能衰退	↓	↓	↑	运行时间;进水温度;pH;余氯	清洗或更换 RO 元件
2	膜泄漏	↑	↓	↓	振动、压降、冲击压力	更换 RO 元件
3	膜压密	↓	↑	↑	进水温度、压力;运行时间	清洗或更换 RO 膜元件
4	O 形圈泄漏	↑	↓	↑	振动;冲击压力	更换 O 形圈
5	浓水密封圈	↓	↓	↓	材料是否老化;短路	更换浓水侧密封圈
6	内连接器断	↑	↓	↓	压降大;高温	更换连接器
7	中心管断	↑	↓	↓	压降大;高温	更换 RO 膜元件
8	元件变形	↓	↓	↑	压降大;高温	更换 RO 膜元件
9	悬浮物污染膜	↓	↓	↑	预处理;原水水质	化学清洗
10	结垢	↓	↓	↑	预处理;原水水质	化学清洗
11	有机膜污染	↓	↓	↑	预处理;原水水质	化学清洗

注:"↑"表示增加,"↓"表示减少。

【问题与讨论】

1. 如果实验水不是纯水或自来水,水通量和压力之间应是什么关系?

2. 反渗透、超滤和微孔过滤在原理、设备构造、运行上分别有什么区别和联系?

3. 反渗透工艺主要有哪几种?试述各工艺主要特点,并说明如何应用。

附 录

附录一 生活饮用水卫生标准
（GB 5749—2006）

1. 范围

本标准规定了生活饮用水水质卫生要求、生活饮用水水源水质卫生要求、集中式供水单位卫生要求、二次供水卫生要求、涉及生活饮用水卫生安全产品卫生要求、水质监测和水质检验方法。

本标准适用于城乡各类集中式供水的生活饮用水，也适用于分散式供水的生活饮用水。

2. 生活饮用水水质卫生要求

2.1　生活饮用水水质应符合下列基本要求，保证用户饮用安全。

2.1.1　生活饮用水中不得含有病原微生物。

2.1.2　生活饮用水中化学物质不得危害人体健康。

2.1.3　生活饮用水中放射性物质不得危害人体健康。

2.1.4　生活饮用水的感官性状良好。

2.1.5　生活饮用水应经消毒处理。

2.1.6　生活饮用水水质应符合附录表1和附录表2卫生要求。集中式供水出厂水中消毒剂限值、出厂水和管网末梢水中消毒剂余量均应符合附录表3要求。

2.1.7　农村小型集中式供水和分散式供水的水质因条件限制，部分指标可暂按照附录表4执行，其余指标仍按附录表1、附录表2和附录表3执行。

2.1.8　当发生影响水质的突发性公共事件时，经市级以上人民政府批准，感官性状和一般化学指标可适当放宽。

附录表1　水质常规指标及限值

指标	限值
1. 微生物指标①	
总大肠菌群/（MPN/100 mL 或 CFU/100 mL）	不得检出
耐热大肠菌群/（MPN/100 mL 或 CFU/100 mL）	不得检出
大肠埃希氏菌/（MPN/100 mL 或 CFU/100 mL）	不得检出
菌落总数/（CFU/mL）	100

续附录表1

指标	限值
2.毒理指标	
砷/(mg/L)	0.01
镉/(mg/L)	0.005
铬(六价)/(mg/L)	0.05
铅/(mg/L)	0.01
汞/(mg/L)	0.001
硒/(mg/L)	0.01
氰化物/(mg/L)	0.05
氟化物/(mg/L)	1.0
硝酸盐(以 N 计)/(mg/L)	10 地下水源限制时为 20
三氯甲烷/(mg/L)	0.06
四氯化碳/(mg/L)	0.002
溴酸盐(使用臭氧时)/(mg/L)	0.01
甲醛(使用臭氧时)/(mg/L)	0.9
亚氯酸盐(使用二氧化氯消毒时)/(mg/L)	0.7
氯酸盐(使用复合二氧化氯消毒时)/(mg/L)	0.7
3.感官性状和一般化学指标	
色度(铂钴色度单位)	15
浊度(散射浊度单位)/NTU	1 水源与净水技术条件限制时为 3
臭和味	无异臭、异味
肉眼可见物	无
pH	不小于 6.5 且不大于 8.5
铝/(mg/L)	0.2
铁/(mg/L)	0.3
锰/(mg/L)	0.1
铜/(mg/L)	1.0
锌/(mg/L)	1.0
氯化物/(mg/L)	250
硫酸盐/(mg/L)	250
溶解性总固体/(mg/L)	1 000

续附录表1

指标	限值
总硬度(以 CaCO$_3$ 计)/(mg/L)	450
耗氧量(CODMn 法,以 O$_2$ 计)/(mg/L)	3
	水源限制,原水耗氧量>6 mg/L 时为 5
挥发酚类(以苯酚计)/(mg/L)	0.002
阴离子合成洗涤剂/(mg/L)	0.3
放射性指标②	指导值
总 α 放射性/(Bq/L)	0.5
总 β 放射性/(Bq/L)	1

①MPN 表示最可能数;CFU 表示菌落形成单位。当水样检出总大肠菌群时,应进一步检验大肠埃希氏菌或耐热大肠菌群;水样未检出总大肠菌群,不必检验大肠埃希氏菌或耐热大肠菌群。

②放射性指标超过指导值,应进行核素分析和评价,判定能否饮用。

附录表 2　水质非常规指标及限值

指标	限值
1. 微生物指标	
贾第鞭毛虫/(个/10 L)	<1
隐孢子虫/(个/10 L)	<1
2. 毒理指标	
锑/(mg/L)	0.005
钡/(mg/L)	0.7
铍/(mg/L)	0.002
硼/(mg/L)	0.5
钼/(mg/L)	0.07
镍/(mg/L)	0.02
银/(mg/L)	0.05
铊/(mg/L)	0.000 1
氯化氰（以 CN$^-$ 计)/(mg/L)	0.07
一氯二溴甲烷/(mg/L)	0.1
二氯一溴甲烷/(mg/L)	0.06
二氯乙酸/(mg/L)	0.05
1,2-二氯乙烷/(mg/L)	0.03
二氯甲烷/(mg/L)	0.02

续附录表2

指标	限值
三卤甲烷(三氯甲烷、一氯二溴甲烷、二氯一溴甲烷、三溴甲烷的总和)	该类化合物中各种化合物的实测浓度与其各自限值的比值之和不超过1
1,1,1-三氯乙烷/(mg/L)	2
三氯乙酸/(mg/L)	0.1
三氯乙醛/(mg/L)	0.01
2,4,6-三氯酚/(mg/L)	0.2
三溴甲烷/(mg/L)	0.1
七氯/(mg/L)	0.000 4
马拉硫磷/(mg/L)	0.25
五氯酚/(mg/L)	0.009
六六六(总量)/(mg/L)	0.005
六氯苯/(mg/L)	0.001
乐果/(mg/L)	0.08
对硫磷/(mg/L)	0.003
灭草松/(mg/L)	0.3
甲基对硫磷/(mg/L)	0.02
百菌清/(mg/L)	0.01
呋喃丹/(mg/L)	0.007
林丹/(mg/L)	0.002
毒死蜱/(mg/L)	0.03
草甘膦/(mg/L)	0.7
敌敌畏/(mg/L)	0.001
莠去津/(mg/L)	0.002
溴氰菊酯/(mg/L)	0.02
2,4-滴/(mg/L)	0.03
滴滴涕/(mg/L)	0.001
乙苯/(mg/L)	0.3
二甲苯/(mg/L)	0.5
1,1-二氯乙烯/(mg/L)	0.03
1,2-二氯乙烯/(mg/L)	0.05
1,2-二氯苯/(mg/L)	1
1,4-二氯苯/(mg/L)	0.3

续附录表2

指标	限值
三氯乙烯/(mg/L)	0.07
三氯苯(总量)/(mg/L)	0.02
六氯丁二烯/(mg/L)	0.000 6
丙烯酰胺/(mg/L)	0.000 5
四氯乙烯/(mg/L)	0.04
甲苯/(mg/L)	0.7
邻苯二甲酸二(2-乙基己基)酯/(mg/L)	0.008
环氧氯丙烷/(mg/L)	0.000 4
苯/(mg/L)	0.01
苯乙烯/(mg/L)	0.02
苯并(a)芘/(mg/L)	0.000 01
氯乙烯/(mg/L)	0.005
氯苯/(mg/L)	0.3
微囊藻毒素-LR/(mg/L)	0.001
3.感官性状和一般化学指标	
氨氮(以 N 计)/(mg/L)	0.5
硫化物/(mg/L)	0.02
钠/(mg/L)	200

附录表 3　饮用水中消毒剂常规指标及要求

消毒剂名称	与水接触时间/min	出厂水中限值/(mg/L)	出厂水中余量/(mg/L)	管网末梢水中余量/(mg/L)
氯气及游离氯制剂(游离氯)	≥30	4	≥0.3	≥0.05
一氯胺(总氯)/(mg/L)	≥120	3	≥0.5	≥0.05
臭氧(O_3)/(mg/L)	≥12	0.3		0.02
二氧化氯(ClO_2)/(mg/L)	≥30	0.8	≥0.1	≥0.02

附录表 4　农村小型集中式供水和分散式供水部分水质指标及限值

指标	限值
1.微生物指标	
菌落总数/(CFU/mL)	500
2.毒理指标	
砷/(mg/L)	0.05

续附录表4

指标	限值
氟化物/(mg/L)	1.2
硝酸盐(以 N 计)/(mg/L)	20
3.感官性状和一般化学指标	
色度(铂钴色度单位)	20
浊度(NTU-散射浊度单位)	3 水源与净水技术条件限制时为 5
pH(pH 单位)	不小于 6.5 且不大于 9.5
溶解性总固体/(mg/L)	1 500
总硬度（以 CaCO₃ 计)/(mg/L)	550
耗氧量(CODMn 法,以 O₂ 计)/(mg/L)	5
铁/(mg/L)	0.5
锰/(mg/L)	0.3
氯化物/(mg/L)	300
硫酸盐/(mg/L)	300

附录二　地表水环境质量标准
（GB 3838—2002）

依据地表水水域环境功能和保护目标,按功能高低依次划分为五类:

Ⅰ类　主要适用于源头水、国家自然保护区;

Ⅱ类　主要适用于集中式生活饮用水地表水源地一级保护区、珍稀水生生物栖息地、鱼虾类产卵场、仔稚幼鱼的索饵场等;

Ⅲ类　主要适用于集中式生活饮用水地表水源地二级保护区、鱼虾类越冬场、洄游通道、水产养殖区等渔业水域及游泳区;

Ⅳ类　主要适用于一般工业用水区及人体非直接接触的娱乐用水区;

Ⅴ类　主要适用于农业用水区及一般景观要求水域。

对应地表水上述五类水域功能,将地表水环境质量标准基本项目标准值分为 5 类,不同功能类别分别执行相应类别的标准值。水域功能类别高的标准值严于水域功能类别低的标准值。同一水域兼有多类使用功能的,执行最高功能类别对应的标准值。实现水域功能与功能类别标准为同一含义。

相关规定见附录表 5、附录表 6。

附录表 5 地表水环境质量标准基本项目标准限值 　　　　　　　　mg/L

序号	项目 标准值		I 类	II 类	III 类	IV 类	V 类
1	水温/℃		人为造成的环境水温变化应限制在： 周平均最大升温≤1 周平均最大降温≤2				
2	pH(无量纲)		6～9				
3	溶解氧	≥	饱和率90% 或(7.5)	6	5	3	2
4	高锰酸盐指数	≤	2	4	6	10	15
5	化学需氧量(COD)	≤	15	15	20	30	40
6	五日生化需氧量(BOD_5)	≤	3	3	4	6	10
7	氨氮($NH_3\text{-}N$)	≤	0.15	0.5	1.0	1.5	2.0
8	总磷(以 P 计)	≤	0.02 (湖、库 0.01)	0.1 (湖、库 0.025)	0.2 (湖、库 0.05)	0.3 (湖、库 0.1)	0.4 (湖、库 0.2)
9	总氮(湖、库以 N 计)	≤	0.2	0.5	1.0	1.5	2.0
10	铜	≤	0.01	1.0	1.0	1.0	1.0
11	锌	≤	0.05	1.0	1.0	2.0	2.0
12	氟化物(以 F^- 计)	≤	1.0	1.0	1.0	1.5	1.5
13	硒	≤	0.01	0.01	0.01	0.02	0.02
14	砷	≤	0.05	0.05	0.05	0.1	0.1
15	汞	≤	0.000 05	0.000 05	0.000 1	0.001	0.001
16	镉	≤	0.001	0.005	0.005	0.005	0.01
17	铬(六价)	≤	0.01	0.05	0.05	0.05	0.1
18	铅	≤	0.01	0.01	0.05	0.05	0.1
19	氰化物	≤	0.005	0.05	0.2	0.2	0.2
20	挥发酚	≤	0.002	0.002	0.005	0.01	0.1
21	石油类	≤	0.05	0.05	0.05	0.5	1.0
22	阴离子表面活性剂	≤	0.2	0.2	0.2	0.3	0.3
23	硫化物	≤	0.05	0.1	0.2	0.5	1.0
24	粪大肠菌群/(个/L)	≤	200	2 000	10 000	20 000	40 000

附录表6　集中式生活饮用水地表水源地补充项目标准限值　　　　mg/L

序号	项目	标准值
1	硫酸盐（以 SO_4^{2-} 计）	250
2	氯化物（以 Cl^- 计）	250
3	硝酸盐（以 N 计）	10
4	铁	0.3
5	锰	0.1

附录三　地下水质量标准
（GB/T 14848—2017）

依据我国地下水水质现状和人体健康风险，参照生活应用水、工业、农业等用水质量要求，依据各组分含量高低（pH 除外），分为 5 类。

Ⅰ类　地下水化学组分含量低，适用于各种用途。

Ⅱ类　地下水化学组分含量较低，适用于各种用途。

Ⅲ类　地下水化学组分含量中等，以 GB 5749—2006 为依据，主要适用于集中式生活饮用水水源及工农业用水。

Ⅳ类　地下水化学组分含量较高，以农业和工业用水质量要求以及一定水平的人体健康风险为依据，适用于农业和部分工业用水，适当处理后可作生活饮用水。

Ⅴ类　地下水化学组分含量高，不宜作为生活饮用水水源，其他用水可根据使用目的选用。

附录表7　地下水质量常规指标及限值

项目序号	标准值项目	Ⅰ类	Ⅱ类	Ⅲ类	Ⅳ类	Ⅴ类
感官性状及一般化学指标						
1	色（铂钴色度单位）	≤5	≤5	≤15	≤15	＞25
2	嗅和味	无	无	无	无	有
3	浊度/NTU	≤3	≤3	≤3	≤10	＞10
4	肉眼可见物	无	无	无	无	有
5	pH	6.5≤pH≤8.5			5.5≤pH<6.5 8.5<pH≤9.0	pH<5.5 或 pH＞9.9
6	总硬度（以 $CaCO_3$,计）/(mg/L)	≤150	≤300	≤450	≤650	＞850
7	溶解氧总固体/(mg/L)	≤300	≤500	≤1 000	≤2 000	＞2 000

续附录表7

项目序号	标准值 / 项目	I类	II类	III类	IV类	V类
8	硫酸盐/(mg/L)	≤50	≤150	≤250	≤350	>350
9	氯化物/(mg/L)	≤50	≤150	≤250	≤350	>350
10	铁(Fe)/(mg/L)	≤0.1	≤0.2	≤0.3	≤2.0	>2.0
11	锰(Mn)/(mg/L)	≤0.05	≤0.05	≤0.1	≤1.50	>1.50
12	铜(Cu)/(mg/L)	≤0.01	≤0.05	≤1.0	≤1.5	>1.5
13	锌(Zn)/(mg/L)	≤0.05	≤0.5	≤1.0	≤5.0	>5.0
14	钼(Mo)/(mg/L)	≤0.001	≤0.01	≤0.1	≤0.5	>0.5
15	挥发性酚类(以苯酚计)/(mg/L)	≤0.001	≤0.001	≤0.002	≤0.01	>0.01
16	阴离子表面活性剂/(mg/L)	不得检出	≤0.1	≤0.3	≤0.3	>0.3
17	耗氧量(COD$_{Mn}$法,以O$_2$计)/(mg/L)	≤1.0	≤2.0	≤3.0	≤10	>10
18	氨氮(以N计)/(mg/L)	≤0.02	≤0.10	≤0.50	≤1.50	>1.50
19	硫化物/(mg/L)	≤0.005	≤0.01	≤0.02	≤0.10	>0.10
20	钠/(mg/L)	≤100	≤150	≤200	≤400	>400
微生物指标						
21	总大肠菌群/（MPN/100 mL,CFU/100 mL）	≤3.0	≤3.0	≤3.0	≤100	>100
22	细菌总数/(个/mL)	≤100	≤100	≤100	≤1 000	>1 000
毒理学指标						
23	亚硝酸盐(以N计)/(mg/L)	≤0.001	≤0.01	≤0.02	≤0.1	>0.1
24	硝酸盐(以N计)/(mg/L)	≤2.0	≤5.0	≤20	≤30	>30
25	氟化物/(mg/L)	≤1.0	≤1.0	≤1.0	≤2.0	>2.0
26	氰化物/(mg/L)	≤0.001	≤0.01	≤0.05	≤0.1	>0.1
27	碘化物/(mg/L)	≤0.1	≤0.1	≤0.2	≤1.0	>1.0
28	汞/(mg/L)	≤0.000 05	≤0.000 5	≤0.001	≤0.001	>0.001
29	砷/(mg/L)	≤0.005	≤0.01	≤0.05	≤0.05	>0.05
30	硒/(mg/L)	≤0.01	≤0.01	≤0.01	≤0.1	>0.1
31	镉/(mg/L)	≤0.000 1	≤0.001	≤0.01	≤0.01	>0.01
32	铬(六价)/(mg/L)	≤0.005	≤0.01	≤0.05	≤0.1	>0.1
33	铅/(mg/L)	≤0.005	≤0.01	≤0.05	≤0.1	>0.1
34	三氯甲烷/(μg/L)	≤0.5	≤6	≤60	≤300	>300

续附录表7

项目序号	标准值＼项目	类别				
		I 类	II 类	III 类	IV 类	V 类
35	四氯化碳/(μg/L)	≤0.5	≤0.5	≤2.0	≤50.0	>50.0
36	苯/(μg/L)	≤0.5	≤1.0	≤10.0	≤120	>120
37	甲苯/(μg/L)	≤0.5	≤140	≤700	≤1400	>1400
放射性指标						
38	总 α 放射性/(Bq/L)	≤0.1	≤0.1	≤0.5	>0.5	>0.5
39	总 β 放射性 /(Bq /L)	≤0.1	≤1.0	≤1.0	>1.0	>1.0

NTU 为散射浊度单位。

MPU 表示最可能数。

CFU 表示菌落形成单位。

放射性指标超过指导值,应进行核素分析和评价。

附录四　水质-氨氮的测定-纳氏试剂分光光度法(HJ 535—2009)

1.范围

1.1　本标准规定了测定水中氨氮的纳氏试剂分光光度法。

1.2　本标准适用于地表水、地下水、生活污水和工业废水中氨氮的测定。

1.3　当水样体积为 50 mL,使用 20 mm 比色皿时,本方法检出限为 0.025 mg/L,测定下限为 0.10 mg/L,测定上限为 2.0 mg/L(均以 N 计)。

2.方法原理

以游离态的氨或铵离子等形式存在的氨氮与纳氏试剂反应生成淡红棕色络合物,该络合物的吸光度与氨氮含量成正比,于波长 420 nm 处测量吸光度。

3.干扰及消除

水样中含有悬浮物、余氯、钙、镁离子等金属离子、硫化物和有机物时会产生干扰,含有此类物质时要作适当处理,以消除对测定的影响。

若样品中存在余氯,可加入适量的硫代硫酸钠溶液去除,用淀粉-碘化钾试纸检验余氯是否除尽。在显色时加入适量的酒石酸钾钠溶液,可消除钙、镁等金属离子的干扰。若水样混浊或有颜色时可用预蒸馏法或絮凝沉淀法处理。

4.试剂和材料

除非另有说明,分析时所用试剂均为符合国家标准的分析纯化学试剂,实验用水按 4.1 制备,使用经过检定的容量器皿和量器。

4.1　无氨水,在无氨环境中用下述方法之一制备

离子交换法:蒸馏水通过强酸性阳离子交换树脂(氢型)柱,将流出液收集在带有磨口玻璃塞的玻璃瓶内。每升流出液加 10 g 同样的树脂,以利于保存。

蒸馏法:在 1 000 mL 的蒸馏水中,加 0.1 mL 硫酸(ρ=1.84 g/mL),在全玻璃蒸馏器中重蒸馏,弃去前 50 mL 馏出液,然后将约 800 mL 馏出液收集在带有磨口玻璃塞的玻璃瓶内。每升馏出液加 10 g 强酸性阳离子交换树脂(氢型)。

纯水器法:用市售纯水器直接制备。

4.2　盐酸,ρ(HCl)=1.18 g/mL

4.3　硫酸,ρ(H_2SO_4)=1.84 g/mL

4.4　无水乙醇

4.5　轻质氧化镁(MgO):不含碳酸盐,在 500℃下加热氧化镁,以除去碳酸盐。

4.6　氢氧化钠(NaOH)

4.7　可溶性淀粉

4.8　碘化钾(KI)

4.9　碘化汞(HgI)

4.10　氢氧化钾(KOH)

4.11　二氯化汞($HgCl_2$)

4.12　纳氏试剂:可选择下列方法的一种配制

(1)碘化汞-碘化钾-氢氧化钠(HgI_2-KI-NaOH)溶液　称取 16.0 g 氢氧化钠(4.6),溶于用烧杯盛放的 50 mL 水中,冷至室温。称取 7.0 g 碘化钾(4.8)和 10.0 g 碘化汞(4.9),溶于水中。然后将此溶液在搅拌下,缓慢加入上述 50 mL 氢氧化钠溶液中,用水稀释至 100 mL。贮于聚乙烯瓶内,用橡皮塞或聚乙烯盖子盖紧,存放暗处,有效期 1 年。

(2)二氧化汞-碘化钾-氢氧化钾($HgCl_2$-KI-KOH)溶液　称取 15.0 g 氢氧化钾(4.10),溶于 50 mL 水中,冷至室温。称取 5.0 g 碘化钾(4.8),溶于 10 mL 水中,在搅拌下,将 2.50 g 二氯化汞(4.11)粉末分多次加入碘化钾溶液中,直到溶液呈深黄色或出现淡红色沉淀溶解缓慢时,充分搅拌混合,并改为滴加二氯化汞饱和溶液,当出现少量朱红色沉淀不再溶解时,停止滴加。在搅拌下,将冷却的氢氧化钾溶液缓慢加入上述二氯化汞和碘化钾混合液中,并稀释至 100 mL,于暗处静置 24 h,倾出上清液,贮于聚乙烯瓶内,用橡皮塞或聚乙烯盖子盖紧,存于暗处,可稳定 1 个月。

4.13　酒石酸钾钠($KNaC_4H_6O_6 \cdot 4H_2O$)

4.14　酒石酸钾钠溶液,ρ=500 g/L

称取 50.0 g 酒石酸钾钠(4.13)溶于 100 mL 水中,加热煮沸以驱除氨,充分冷却后稀释至 100 mL。

4.15　硫代硫酸钠($Na_2S_2O_3$)

4.16　硫代硫酸钠溶液,ρ=3.5 g/L

称取 3.5 g 硫代硫酸钠(4.15)溶于水中,稀释至 1 000 mL。

4.17　硫酸锌($ZnSO_4 \cdot 7H_2O$)

4.18　硫酸锌溶液,$\rho = 100$ g/L

称取 10.0 g 硫酸锌(4.17)溶于水中,稀释至 100 mL。

4.19　氢氧化钠溶液,$\rho = 250$ g/L

称取 25 g 氢氧化钠(4.6)溶于水中,稀释至 100 mL。

4.20　氢氧化钠溶液,$c(NaOH) = 1$ mol/L

称取 4 g 氢氧化钠(4.6)溶于水中,稀释至 100 mL。

4.21　盐酸溶液,$c(HCl) = 1$ mol/L

用吸量管吸取 8.5 mL 盐酸(4.2)于 100 mL 容量瓶中,用水稀释至标线。

4.22　硼酸(H_3BO_3)

4.23　硼酸溶液,$\rho = 20$ g/L

称取 20 g 硼酸(4.22)溶于水中,稀释至 1 L。

4.24　溴百里酚蓝指示剂,$\rho = 0.5$ g/L

称取 0.05 g 溴百里酚蓝溶于 50 mL 水中,加入 10 mL 无水乙醇(4.4),用水稀释至 100 mL。

4.25　碳酸钠(Na_2CO_3)

4.26　淀粉-碘化钾试纸

称取 1.5 g 可溶性淀粉(4.7)于烧杯中,用少量水调成糊状,加入 200 mL 沸水,搅拌混匀放冷。加 0.50 g 碘化钾(4.8)和 0.50 g 碳酸钠(4.25),用水稀释至 250 mL。将滤纸条浸渍后,取出晾干,于棕色瓶中密封保存。

4.27　氯化铵(NH_4Cl,优级纯)

4.28　氨氮标准贮备液,$\rho_N = 1\ 000\ \mu g/mL$

称取 3.819 0 g 氯化铵(4.27)(用前于 100～105℃ 干燥 2 h),溶于水中,移入 1 000 mL 容量瓶中,稀释至标线。此溶液在 2～5℃ 下可稳定保存 1 个月。

4.29　氨氮标准工作溶液,$\rho_N = 10\ \mu g/mL$

用移液管吸取 5.00 mL 氨氮标准贮备液(4.28)于 500 mL 容量瓶中,稀释至标线。临用前配制。

氨氮标准溶液及标准样品:也可购买由中国计量科学研究院配制并检定合格的瓶装氨氮标准物质。此时可直接使用,其浓度已知,不需再标定。参照说明书使用即可。

注:氨氮标准溶液及标准样品应置于 2～5℃ 冰箱内避光保存,在其有效期内均可使用,使用前置于暗处升温至常温(20℃ 左右)。

5.仪器和设备

5.1　实验室常用仪器(容器、量具、移液管、烘箱、干燥器、分析天平等)。

5.2　紫外可见分光光度计:具 20 mm 比色皿。

5.3　氨氮蒸馏装置:由 500 mL 凯式烧瓶、氮球、直形冷凝管和导管组成,冷凝管末端可连接一段适当长度的滴管,使出口尖端浸入吸收液液面下。亦可使用 500 mL 蒸馏烧瓶。

5.4　中速定量滤纸和定性滤纸。

5.5　漏斗(250 mL)。

6.样品

6.1 样品采集与保存

水样采集在聚乙烯瓶或玻璃瓶内,要尽快分析。如需保存,应加硫酸使水样酸化至pH<2,2~5℃下可保存7天。

6.2 样品的预处理

(1)除余氯 若样品中存在余氯,可加入适量的硫代硫酸钠溶液(4.16)去除。每加0.5 mL可去除0.25 mg余氯。用淀粉-碘化钾试纸(4.26)检验余氯是否除尽。

(2)絮凝沉淀 100 mL样品中加入1 mL硫酸锌溶液(4.18)和0.1~0.2 mL氢氧化钠溶液(4.19),调节pH约为10.5,混匀,放置使之沉淀,倾取上清液分析。必要时,用经水冲洗过的中速滤纸过滤,弃去初滤液20 mL。也可对絮凝后样品离心处理。

(3)预蒸馏 将50 mL硼酸溶液(4.23)移入接收瓶内,确保冷凝管出口在硼酸溶液液面之下。用量筒分取250 mL水样(如氨氮含量高,可适当少取,加水至250 mL)移入烧瓶中,加几滴溴百里酚蓝指示剂(4.24),必要时,用氢氧化钠溶液(4.20)或盐酸溶液(4.21)调整pH至6.0(指示剂呈黄色)~7.4(指示剂呈蓝色),加入0.25 g轻质氧化镁(4.5)及数粒玻璃珠,立即连接氮球和冷凝管。加热蒸馏,使馏出液速率约为10 mL/min,待馏出液达200 mL时,停止蒸馏,加水定容至250 mL。

7.分析步骤

7.1 校准曲线

在8个50 mL比色管中,按附录表8标准系列配制标准溶液,加水定容至标线。

附录表8 氨氮标准溶液系列

编号	1	2	3	4	5	6	7	8
氨氮标准工作溶液(mL)	0.00	0.50	1.00	2.00	4.00	6.00	8.00	10.00
氨氮含量(μg)	0.0	5.0	10.0	20.0	40.0	60.0	80.0	100.0

加入1.0 mL酒石酸钾钠溶液(4.14),摇匀,再加入纳氏试剂1.5 mL($HgCl_2$-KI-KOH)或1.0 mL(HgI_2-KI-NaOH),摇匀。放置10 min后,在波长420 nm处,用20 mm比色皿,以水作参比,测量吸光度。

以空白校正后的吸光度为纵坐标。以其对应的氨氮含量(μg)为横坐标,绘制校准曲线(曲线的线性要求在0.999以上)。

注:根据待测样品的浓度也可以选用10 mm比色皿。

7.2 样品测定

(1)清洁水样 直接取50 mL,按与校准曲线相同的步骤(7.1)测量吸光度。

(2)有悬浮物或色度干扰的水样 取经预处理的水样50 mL(若水样中氨氮浓度超过2 mg/L,可适当少取水样体积),按与校准曲线相同的步骤(7.1)测量吸光度。

注:经蒸馏或在酸性条件下煮沸方法预处理的水样,须加一定量氢氧化钠溶液(4.19),调节水样至中性,用水稀释至50 mL标线,再按与校准曲线相同的步骤(7.1)测量吸光度。

7.3　空白试验

用水代替水样,按与样品相同的步骤进行前处理和测定。

8.结果计算

水样中氨氮的浓度(ρ_N)按下式计算:

$$\rho_N = \frac{A_s - A_b - a}{b \times V}$$

式中:ρ_N为水样中氨氮的质量浓度,mg/L,以氮计;A_s为水样的吸光度;A_b为空白试验的吸光度;a为校准曲线的截距;b为校准曲线的斜率;V为试样体积,mL。

9.注意事项

9.1　试剂空白的吸光度应不超过 0.030(10 mm 比色皿)。

9.2　纳氏试剂的配制:为了保证纳氏试剂有良好的显色能力,配制时务必控制二氯化汞的加入量,至微量碘化汞红色沉淀不再溶解时为止。配制 100 mL 纳氏试剂所需二氯化汞与碘化钾用量之比为 2.3∶5。在配制时为了加快反应速度、节省配制时间,可低温加热进行,防止碘化汞红色沉淀提前出现。

9.3　酒石酸钾钠的配制:分析纯酒石酸钾钠铵盐含量较高时,仅加热煮沸或加入纳氏试剂沉淀不能完全除去氨。此时采用加入少量氢氧化钠溶液,煮沸蒸发掉溶液体积的 20%～30%,冷却后用无氨水稀释至原体积。

9.4　絮凝沉淀:滤纸中含有一定量的可溶性铵盐,定量滤纸中含量高于定性滤纸,建议采用定性滤纸过滤,过滤前用无氨水少量多次淋洗(一般为 100 mL)。这样可减少或避免滤纸引入的测量误差。

9.5　水样的预蒸馏:蒸馏过程中,某些有机物很可能与氨同时馏出,对测定有干扰,其中有些物质(如甲醛)可以在酸性条件(pH<1)下煮沸除去。在蒸馏刚开始时,氨气蒸出速度较快,加热不能过快,否则造成水样暴沸,馏出液温度升高,氨吸收不完全。馏出液速率应保持在 10 mL/min 左右。

9.6　蒸馏器的清洗:向蒸馏烧瓶中加入 350 mL 水,加数粒玻璃珠,装好仪器,蒸馏到至少收集了 100 mL 水,将馏出液及瓶内残留液弃去。

9.7　比色皿放入比色槽必须用比色皿清洁布或软纸擦净比色皿表面。

9.8　比色皿放入比色槽前必须使比色皿内壁上的气泡排出,然后进行测量,否则影响测量结果(用手指轻弹比色皿外壁即可排出气泡)。

9.9　比色皿放入比色槽时必须定位并且盖紧盖子,以防止杂散光进入。

10.记录表格

10.1　水和废水采样记录

10.2　校准曲线绘制测试记录

10.3　分光光度法测试记录

参 考 文 献

[1] 赵奎霞.水处理工程[M].2版.北京:中国环境科学出版社,2008.

[2] 孙体昌,娄金生.水污染控制工程[M].北京:机械工业出版社,2009.

[3] 王怀宇,张辉,李宏罡.环境工程给排水技术[M].北京:科学出版社,2010.

[4] 严道岸.实用环境工程手册——水工艺与工程[M].北京:化学工业出版社,2002.

[5] 尹奇德,王琼,夏畅斌,等.环境工程设计性、研究性实验技术[M].北京:化学工业出版社,2009.

[6] 章非娟,徐竟成.环境工程实验[M].北京:高等教育出版社,2006.

[7] 郝瑞霞,吕鉴.水质工程学实验与技术[M].北京:北京工业大学出版社,2006.

[8] 李燕城,吴俊奇.水处理实验技术[M].2版.北京:中国建筑工业出版社,2004.

[9] 雷中方,刘翔.环境工程学实验[M].北京:化学工业出版社,2007.

[10] 彭党聪.水污染控制工程实践教程[M].北京:化学工业出版社,2004.

[11] 夏畅斌,尹奇德.城市污水处理实习与设计[M].北京:化学工业出版社,2008.

[12] 国家环保总局《水和废水监测分析方法》编委会.水和废水监测分析方法[M].4版.北京:中国环境科学出版社,2002.

[13] 陈泽堂.水污染控制工程实验[M].北京:化学工业出版社,2003.

[14] 严熙世,范瑾初.给水工程[M].3版.北京:中国建筑工业出版社,1995.

[15] 王业俊.水处理手册[M].北京:中国建筑工业出版社,1987.

[16] 严熙世.给水排水工程快速设计手册——给水工程[M].北京:中国建筑工业出版社,1995.

[17] 上海市政工程设计研究院.给水排水设计手册(第三册)[M].北京:中国建筑工业出版社,1986.

[18] 符九龙,李东林,沈春花.水处理工程[M].中国建筑工业出版社,2000.

[19] 李源清.建筑工程施工组织实训[M].北京大学出版社,2011.

[20] 张振家,郭晓燕,周长波.工厂废水处理站工艺原理与维护管理[M].北京:化学工业出版社,2003.